TURCOLOGICA

Herausgegeben von Lars Johanson

Band 92

2012
Harrassowitz Verlag · Wiesbaden

Ingeborg Hauenschild

Farbbezeichnungen im Jakutischen

Unter besonderer Berücksichtigung der Tierfarbenterminologie

2012

Harrassowitz Verlag · Wiesbaden

Bibliografische Information der Deutschen Nationalbibliothek
Die Deutsche Nationalbibliothek verzeichnet diese Publikation in der Deutschen Nationalbibliografie; detaillierte bibliografische Daten sind im Internet über http://dnb.d-nb.de abrufbar.

Bibliographic information published by the Deutsche Nationalbibliothek
The Deutsche Nationalbibliothek lists this publication in the Deutsche Nationalbibliografie; detailed bibliographic data are available in the internet at http://dnb.d-nb.de.

Informationen zum Verlagsprogramm finden Sie unter
http://www.harrassowitz-verlag.de

Gedruckt auf alterungsbeständigem Papier.
Druck und Verarbeitung: print-z.de
Printed in Germany

ISSN 0177-4743
ISBN 978-3-447-06676-1

Inhalt

Abkürzungsverzeichnis

1. Abkürzungen für Sprachen

ewen.	ewenisch
ewenk.	ewenkisch
mong.	mongolisch
r.	russisch

2. Abkürzungen für Dialektbereiche*

Abyj.	Abyjskij rajon
All.	Allaixovskij rajon
Am.	Amginskij rajon
An.	Anabarskij rajon
Bul.	Bulunskij rajon
Čur.	Čurapčinskij rajon
Gorn.	Gornyj rajon
Kob.	Kobjajskij rajon
Len.	Lenskij rajon
M-K.	Megino-Kangalasskij rajon
Mom.	Momskij rajon
Nim.	mestnost' Niman Xabarovskogo kraja
Njurb.	Njurbinskij, nyne Leninskij, rajon
N-Kol.	Nižnekolymskij rajon
Ojm.	Ojmjakonskij rajon
Olek.	Olekminskij rajon
Olen.	Olenekskij rajon
Ordž.	Ordžonikidzevskij rajon
Sakk.	byvšij Sakkyryrskij rajon
Sunt.	Suntarskij rajon
S-Kol.	Srednekolymskij rajon
Tatt.	Tattinskij, nyne Alekseevskij, rajon
Tokk.	byvšij Tokkinskij rajon
U-Ald.	Ust'-Aldanskij rajon
U-Jan.	Ust'-Janskij rajon
U-Maj.	Ust'-Majskij rajon
Verx.	Verxojanskij rajon

* Diese Angaben beziehen sich auf Belege in *Dialektologičeskij slovar' jakutskogo jazyka*.

Vil.	Viljujskij rajon
V-Vil.	Verxneviljujskij rajon
V-Kol.	Verxnekolymskij rajon
Žig.	Žiganskij rajon

Vorbemerkung

Da Ilse Laude-Cirtautas in ihrer 1961 publizierten Monographie *Der Gebrauch der Farbbezeichnungen in den Türkdialekten* die jakutische Farbenlexik nicht berücksichtigt hat, wird mit der vorliegenden Arbeit der Versuch unternommen, diese Lücke auszufüllen. Als Quellen dienten vor allem Ė. K. Pekarskij, *Slovar' jakutskogo jazyka* (Pek) sowie *Dialektologičeskij slovar' jakutskogo jazyka* (DSJaJa), zudem O. Böhtlingk, *Jakutisch-deutsches Wörterbuch* (JaDW), *Russko-jakutskij slovar'* (RJaS), *Jakutsko-russkij slovar'* (JaRS) und Wl. Monastyrjew, *Jakutisch – kleines erklärendes Wörterbuch des Jakutischen* (Jak).

Im ersten Teil werden generell und speziell gebrauchte Farbbezeichnungen vorgestellt, und zwar mit Beispielen für ihre Anwendungsmöglichkeit (unter ♦ zusammengefasst). Der zweite Teil ist den zahlreichen Farbbenennungen, die nur oder vorwiegend auf Tiere – insbesondere auf Pferde, Rinder und Rentiere – anwendbar sind, sowie den für wilde Tiere und Herdentiere charakteristischen Farbabzeichen vorbehalten.

Innerhalb des Textes erfolgt die Wiedergabe jakutischer Wörter in vereinfachter Transkription. Belegstellen in kyrillischer Schrift erscheinen in transliterierter Form; der von Pekarskij und Böhtlingk für *ǰ* benutzte Sonderbuchstabe Џ ist durch *ċ* ersetzt worden. Bei regional oder lokal gebräuchlichen Ausdrücken wird zusätzlich der Dialektbereich angeführt. Im Index sind sowohl die Lemmata als auch die im Kontext zitierten Farbbezeichnungen aufgelistet.

Alphabetische Reihenfolge:
a, ä, b, č, d, g, γ, x, i, ï, ǰ, k, l, l′, m, n, n′, ŋ, o, ö, p, r, s, h, š, t, u, ü, y.

Einleitung

In der Farbenlehre differenziert man nach der Erscheinungsweise Raumfarben und Oberflächenfarben, nach der Erscheinungsform von einer Lichtquelle ausstrahlendes farbiges Licht und die erst durch Beleuchtung sichtbar werdenden Körperfarben; zudem werden unbunte und bunte Farben unterschieden. Den unbunten Farben fehlt der Farbton, der das Merkmal aller bunten Farben ist. Unbunte Farben sind Weiß und Schwarz; sie lassen sich in eine kontinuierliche Reihe ordnen, die von Weiß über helles und dunkles Grau nach Schwarz verläuft, und werden durch ihre Helligkeit genau bestimmt. Als bunte Farben bezeichnet man die Spektralfarben, die anhand von drei Merkmalen bzw. Empfindungsanteilen eindeutig beschrieben werden können, und zwar nach Farbton, Sättigung und Helligkeit. Die Sättigung ist der Grad der Buntheit einer Farbe in Relation zum gleich hellen Unbunt, d.h. zu Grau; von der Helligkeit wird die Stärke der Farbwirkung bestimmt. Bei einer Nuance ist der Farbton im Hinblick auf Sättigung und Helligkeit abgewandelt, so dass sich helle oder dunkle Abstufungen ergeben.

Ilse Laude-Cirtautas hat die türkischen Farbnamen ihrer Anwendung nach in zwei Gruppen untergliedert, nämlich in zusammenfassende und gegenständliche Bezeichnungen. Zu den zusammenfassenden Bezeichnungen zählt sie *qara*, *aq*, *qïzïl*, *yašïl* und *sarïγ*, zu den gegenständlichen Bezeichungen *ala*, *kök*, *boz* und *qïr* sowie nur auf Pferde oder auf Pferde und andere Tiere anzuwendende Farbnamen. Synonyme Farbbenennungen sind jeweils in einem Anhang erwähnt und gleichfalls auf ihre Anwendung hin untersucht.

Aus der Sicht von Doerfer (1995: 218) hat Laude-Cirtautas das Sujet in drei grundlegende Kategorien eingeteilt, und zwar in allgemeingültige Farbbezeichnungen wie *yašïl* und *qïr*, in für Pferde und andere Tiere gebrauchte Farbbezeichnungen sowie in spezielle Pferdefarben. Diese Betrachtungsweise entspricht jedoch keineswegs der von Laude-Cirtautas gewählten Gliederung in zwei Gruppen und lässt auch außer Acht, dass nach Meinung der Autorin *yašïl* und *qïr* zwei verschiedene Kategorien vertreten, da *qïr* nicht die zusammenfassende Funktion von *yašïl* hat.

Wenn Doerfer alle Farbbezeichnungen außer den Tierfarben pauschal für allgemeingültig erklärt, so verkennt er, dass das türkische Farbensystem sehr genau zwischen einem Farbton und einer Farbtönung unterscheidet. Die Helligkeitsstufen eines Farbtons, d.h. die Farbtönungen, sind nicht a priori terminologisch differenziert, wie Doerfer (1995: 215) vermutet; sie werden vielmehr durch eine attributive Ergänzung erzielt, wofür Laude-Cirtautas (S. 37 und Fußnote 2 sowie S. 48 und Fußnote 7) mehrere Beispiele angeführt hat, u.a. türkeitürkisch *qoyu qïrmïzï* 'dunkelrot' und *qoyu yäšil* 'dunkelgrün', tatarisch *qara sarï* 'dunkelgelb', aserbaidschanisch *ačïq boz* 'hellgrau', tatarisch *ačïq qïzïl* 'hellrot', teleutisch *yarïq qïzïl* 'hellrot', karatschaisch *aq sarï* ‘hellgelb’. Doerfer unterstreicht seine Theorie anhand von *āl* ‘hellrot’ gegen *qïzïl* ‘dunkelrot’, *sārïγ* ‘blaßgelb’ gegen *quba* ‘dunkelgelb’, *kök* ‘helltürkisfarben’ gegen *yāšil* ‘dunkeltürkisfarben’. Dem steht entgegen, dass mit *āl* und *quba*, in den meisten Türksprachen zudem mit *kök*, nur bestimmte Objekte farblich beschrieben werden; außerdem bedeutet *quba* nicht ‘dunkelgelb’, sondern ‘bleich, fahlgelb, fahlgrau’.

Bei der Untersuchung der jakutischen Farbenlexik wurde nicht die Methode von Laude-Cirtautas gewählt, denn im Hinblick auf das sehr umfangreiche Material erschien es zweckdienlich, alle für eine Farbe benutzten Benennungen – mit Ausnahme der im zweiten Teil behandelten Tierfarben und Tierabzeichen – unter dem betreffenden Oberbegriff einzuordnen und sie gegebenenfalls nach allgemeiner oder besonderer Verwendung zu unterscheiden.

In Anlehnung an Laude-Cirtautas sind auch Tier- und Pflanzennamen, die eine Farbbezeichnung enthalten, berücksichtigt worden, nicht zuletzt deshalb, weil die Farbigkeit ihrer Träger konkrete Hinweise auf die mit einem Farbadjektiv erfassbaren Nuancen gibt. Die Überlegungen von Laude-Cirtautas und Doerfer wurden in die Studie einbezogen und in manchen Punkten kontrovers diskutiert.

Farben erfüllen wichtige Aufgaben; sie können die Psyche positiv beeinflussen, haben eine schmückende oder schützende Funktion und liefern vor allem Informationen für das tägliche Leben, und zwar in Bezug auf Menschen, Pflanzen, Tiere und Naturerscheinungen.

Die individuellen Züge eines Menschen verbinden sich weniger mit der Statur, sondern vielmehr mit der Tönung der Haut, der Haare und der Augen. Insbesondere die Farbe von Haar oder Haut ist ein Merkmal, das Rückschlüsse auf das Alter bzw. die Lebensweise eines Menschen erlaubt.

Bei Pflanzen kann man an der Färbung des Krautes das Wachstumsstadium und an der Tönung der Früchte den Reifegrad erkennen. Die im Verlauf des Jahres jeweils der Umgebung angepasste Farbe von Fell oder Gefieder schützt die Tiere vor Feinden; Vogelmännchen tragen während der Paarungszeit häufig ein Prunkkleid, um den Weibchen zu imponieren. Dem Jäger zeigt bei Pelztieren der im Herbst erfolgte Haarwechsel den Jagdbeginn an, denn das Winterfell hat die beste Qualität, bei Vogelwild hingegen das Hochzeitskleid, da die balzenden Männchen so abgelenkt sind, dass der Jäger unbemerkt in die Schussnähe gelangen kann.

An der unterschiedlichen Helligkeit von Tag und Nacht sowie Sonne und Himmel lässt sich die Jahreszeit oder die Witterung ablesen. Farbe und Musterung der Wolken geben Hinweise auf die Wetterlage oder die Wetteraussichten; ein Schneesturm wird aufgrund seiner Färbung als mehr oder weniger gefährlich eingestuft.

Die Lebensgrundlage der Jakuten beruht überwiegend auf der Pelztierjagd und der Pferde- und Rinderzucht. Neben den generell oder speziell gebrauchten Farbbezeichnungen gibt es deshalb zahlreiche Farbbegriffe, die nur oder vornehmlich auf Tiere angewendet werden, und zwar in ungewöhnlicher Vielfalt. Unter ihnen dominieren die Pferde- und Rinderfarben, die sich zum einen auf die Grundfarbe beziehen, zum andern sehr differenziert die für Abarten typischen Nuancen beschreiben.

Eine wichtige Rolle spielen zudem die Pferde- und Rinderabzeichen, weiße oder dunkle Haarstellen an Kopf, Rücken, Schultern und Beinen. Bei der Herdenhaltung kommt den Farben und Farbabzeichen eine große Bedeutung zu, da sie innerhalb von farblich gemischten Beständen eine genaue Bestimmung der einzelnen Tiere ermöglichen.

1 Generell und speziell gebrauchte Farbbezeichnungen

Generell gebrauchte Farbbenennungen lassen sich auf jedes beliebige Objekt beziehen, speziell gebrauchte Farbbenennungen erfassen hingegen einzelne Tönungen oder sind nur auf bestimmte Gegenstände anwendbar. In beiden Gruppen, vornehmlich jedoch bei den allgemeinen Farbbezeichnungen, finden sich nominale und verbale Weiterbildungen sowie Steigerungsformen. Verstärkung wird auf verschiedene Arten erreicht – durch eine vorangestellte Partikel, die aus der ersten Silbe der entsprechenden Farbbegriffe mit abschließendem *-p* (manchmal *-bïs, -rïs* oder *-bus*) besteht, durch Iteration unter Veränderung des Endkonsonanten und durch Voranstellung von Gradationswörtern oder Synonymen; außerdem kann mittels eines Vergleichsobjekts die farbliche Intensität veranschaulicht werden.

1.1 Bezeichnungen für 'schwarz, dunkel'

1.1.1 Generell gebrauchte Bezeichnungen für 'schwarz, dunkel'

Während Abstufungen der Kontrastfarbe *ürüŋ* 'weiß' nur mit speziell gebrauchten Ausdrücken wiedergegeben werden, lässt sich bei der zusammenfassenden Benennung *xara* 'schwarz' eine besondere Dunkelstufe durch ein vorangesetztes Vergleichsobjekt festlegen. Es gibt keine lediglich für bestimmte Abschattungen von Schwarz benutzte Bezeichnungen, aber eine Reihe von Benennungen, die ein mehr oder weniger intensives Dunkel erfassen und offenbar an bestimmte Objekte gebunden sind (s. 1.1.2).

xara — schwarz, dunkel.

Belege: JaDW 80 *xara* 'schwarz'; Pek 3329 *xara* 'černyj, temnyj, smuglyj, temnošerstyj (o zvere)'; JaRS 481 *xara* 'čërnyj, tëmnyj'.

Nominale Weiterbildungen: **xaraanay** 'schwarz' (Pek 3339 *xarānai* [ot *xara* + *ānai*] 'černyj') und **xaratïŋï** 'schwärzlich, leicht dunkel, ziemlich schmutzig' (JaDW 81 *xaratyṅy* 'schwärzlich'; Pek 3345 *xaratyṅy* [ot *xara* + *tyṅy*] 'černovatyj, temnovatyj, grjaznovatyj'; JaRS 483 *xaratyṅy* 'černovatyj, temnovatyj'). Vgl. auch **xaraŋa** (1.1.2), **xaranay** (2.3.1), **xaraama** (2.5.1).

Verbale Weiterbildungen: **xaraar-** 'schwarz, dunkel oder schmutzig werden' (JaDW 81 *xarar-* 'schwarz oder schmutzig werden'; Pek 3343 *xarār-* [ot *xara* + *ār*] 'černet''; JaRS 483 *xaraar-* 'temnet', černet''), **xaralaa-** 'schwärzen' (Pek 3336 *xaralā-* [ot *xara* + *lā*] 'černit''; JaRS 482 *xaralaa-* 'černit'').

Steigerungsformen: **čïŋkïl xara** 'ganz schwarz' (JaDW 121 *čyṅkyl xara* 'ganz schwarz'; Pek 3719 *čyṅkyl xara* 'soveršenno černyj'; JaRS 515 *čyṅkyl xara* 'soveršenno čërnyj, čërnyj-prečërnyj'), **xabïs xara** 'ganz schwarz' (Pek 3221 *xabys xara* 'sovsem černyj, černexon'kij, prečernejščij'), **xap xara** 'ganz schwarz' (Pek 3317 *xap xara* 'očen' černyj, prečernyj'), **xarïs xara** 'ganz schwarz' (Pek 3376 *xarys xara* 'černexon'kij, sovsem černyj').

a) Anwendung in eigentlicher Bedeutung

Mit *xara* kann jeder beliebige Gegenstand von schwarzer bzw. dunkler Färbung bezeichnet werden (s. Laude-Cirtautas 1961: 17–36 s.v. *qara*).

♦ *xara bïlït* 'dunkle Wolke' (Pek 3330 *xara bylyt* 'temnoe oblako') | *xara tïa* 'schwarzer Wald' (Pek 3330 *xara tya* 'černyj, temnyj bor') | *xara bäkir* 'schwarze Vogelscheuche' (Pek 425 *xara bäkir* 'čučelo černoe') | *xara xortuustaax* 'mit schwarzer Schirmmütze' (Pek 3513 *xara xortūstāx* 'v černom kartuze') | *xara oγuruo* 'schwarze Glasperlen' (Pek 1786 *xara oğuruo* 'černaja busy') | *xara aγabït* 'Mönch', wrtl.: schwarzer Priester (Pek 13 *xara ağabyt* 'monax').

Bei Dingen von gleicher Art, aber farblich abweichender Erscheinung verweist *xara* auf die dunklere, *ürüŋ* hingegen auf die hellere Tönung.

♦ *xara küdän* 'Frostnebel', wrtl.: dunkler Nebel (Pek 1278 *xara küdän* 'černaja mgla') | *xara tuoy* 'dunkler Lehm' (Pek 2817 *xara tuoi* 'černaja glina [dlja obmazki jurty]') | *xara ïas* 'Birkenteer', wrtl.: dunkles Harz (JaRS 521 *xara yas* 'čërnaja smola') | *xara ǯiä* 'Küche', wrtl.: dunkle Wohnung (Pek 817 *xara ċiä* 'kuxnja') | *xara aan* 'Hintertür', wrtl.: dunkler Eingang (Pek 3329 *xara ān* 'černaja [zadnjaja] dver'').

Abstufungen von *xara* werden durch die Voranstellung von Vergleichsobjekten erzielt: **barïk xara** 'dunkel wie ein Schatten' (Pek 382 *baryk xara* 'temnyj, kak ten''), **buor xara** 'schwarz wie Erde [d.h. bräunlichschwarz]' (Pek 561 *buor xara* 'černyj kak zemlja'), **čox xara** 'schwarz wie Kohle' (JaRS 481 *čox xara* 'čërnyj kak ugol''), **kömör xara** 'schwarz wie Kohle' (JaRS 177 *kömör xara* 'čërnyj, kak ugol''; Jak 83 *kömör xara* 'glänzendschwarz'), **ïas xara** 'dunkel wie Birkenteer' (JaDW 29 *yas xara* 'pechschwarz'; Pek 3759 *yas xara* 'černyj kak smol', sovsem černyj'; JaRS 521 *yas xara* 'čërnyj kak smol'').

♦ *barïk xara küüläläax* '[Jurte] mit einem Flur so dunkel wie ein Schatten' (Pek 382 *baryk xara kūlälāx* '[jurta] s temnymi, kak ten', senjami') | *kömör xara battax* 'kohlschwarze Haare' (JaRS 177 *kömör xara battax* 'čërnye, kak ugol', volosy').

Für eine bestimmte Färbung von Pferdehufen benutzt man **saharxaydïŋï xara** 'gelblichschwarz' (Pek 2117 *sasarxaidyṅy xara* 'izželta černyj [o konskom kopyte]').

b) Anwendung in übertragener Bedeutung

Zur Verwendung von *qara* merkt Clauson (1972: 643) an: *kara:* 'black', primarily in a physical sense, but with a great many metaph. meanings, often pejorative; wie die folgenden Zitate zeigen, trifft dies gleichfalls für *xara* zu. In übertragenem Sinne wird *xara* für 'einfach, gewöhnlich' gebraucht (Pek 3331 *xara* 'prostoj, obyknovennyj'), und zwar im Gegensatz zu 'hochgeboren' und 'nicht alltäglich'.

♦ *xara kihi* 'Mensch von einfacher Herkunft' (Pek 3331 *xara kisi* 'prostoljudin [v protivopoložnost' čeloveku aristokratičeskago proisxoždenija]') | *xara sïarγa* 'gewöhnlicher Schlitten' (Pek 3331 *xara syarġa* 'prostyja sani') | *xara as* 'gesäuerte Milch', wrtl.: einfache Speise (Pek 163 *xara as* 'prokvašennoe moloko').

Von 'einfach, gewöhnlich' ergibt sich ein Bedeutungsübergang zu 'allein, bloß, unvermischt'.

♦ *xara samïïr* 'Regen ohne Beimischung von Schnee' (JaRS 481 *xara samyyr* 'dožd' bez primesi snega') | *xara xapsïïr* 'Frühlingskälte ohne Schnee' (Pek 3322 *xara xapsȳr* 'vesennij xolod bez snega') | *xara ohoγos* 'Tierdärme ohne Fettschicht' (Pek 1883 *xara osoġos* 'xudšij sort kišek, lišennyx žira').

Weiterhin steht *xara* für 'schlecht, bösartig, übel, düster' (Pek 3332 *xara* 'černyj, durnoj, zloj, nesčastnyj'; JaRS 481 *xara* 'čërnyj, mračnyj, durnoj, zloj'), d.h. für den negativen Charakter einer Sache oder einer Gesinnung.

♦ *xara ölüü* 'Aussatz', wrtl.: bösartige Krankheit (JaRS 481 *xara ölüü* 'prokaza') | *xara suol* 'üble Sache' (JaRS 481 *xara suol* 'čërnoe delo') | *xara sanaa* 'trübe Gedanken' (Pek 3332 *xara sanā* 'mračnyja mysli').

Da unerfreuliche Angelegenheiten häufig in ihrem Ausmaß überschätzt werden, kann *xara* auch die Bedeutung 'groß, gewaltig' annehmen. Die metaphorische Umschreibung mit *xara bäläs* (wrtl.: schwarzer bzw. großer Rachen) kennzeichnet einen Menschen als raffgierig.

♦ *xara tüökün* 'großer Gauner' (JaRS 481 *xara tüökün* 'užasnyj plut') | *xara bäläs* 'Geizkragen, Dieb' (Pek 428 *xara bäläs* 'žadjuga, vor') | *xara balïïr* 'schwerwiegende Verleumdung' (JaRS 481 *xara balyyr* 'tjažkaja kleveta') | *xara sor* 'großes Pech' (JaRS 481 *xara sor* 'bol'šoe nesčast'e') | *xara tïïn* 'tiefer Seufzer' (Pek 3331 *xara tȳn* 'glubokij vzdox') | *xara kölöhün* 'heftiger Schweiß' (Pek 3331 *xara kölösün* 'krupnyj [sil'nyj] pot') | *xara nakaas* 'schwere Qualen' (JaRS 481 *xara nakaas* 'tjažkie muki') | *xara saappas* 'starker Westwind' (Pek 2089 *xara sāppās* 'sil'nyj zapad, zapadnyj veter').

c) xara in Tiernamen

Bei Tieren verweist *xara* auf eine schwarze bzw. schwarzgraue oder schwarzbraune Färbung von Fell, Gefieder, Schuppen oder Haut, und zwar insgesamt und partiell. Der Blaufuchs, eine Variante des Eisfuchses, trägt einen braun- bis schwarzgrauen

Sommerpelz. Samtenten sind schwarz, Ringelgänse schiefergrau; die Lachmöwe hat einen schwarzen Kopf, der Graubrust-Strandläufer eine schwarzbraune Brust und das Alpenschneehuhn ein zwischen Schnabelansatz und Auge verlaufendes schwarzes Streifchen. Im Hinblick auf Kröten bezieht sich *xara* auf die mit dunklen Flecken bedeckte braune oder graue Haut. Ältere Muksun-Renken haben schwarze Bauchflossen; das typische Merkmal einer Aalquappe ist der schwarze Rücken.

♦ *xara at* ‘Rappe’, wrtl.: schwarzes Pferd (Pek 3330 *xara at* ‘voronaja lošad'’) | *xara ähä* ‘Braunbär’, wrtl.: schwarzer Bär (Pek 308 *xara äsä* ‘buryj ili “černyj” medved'’) | *xara kïrsa* ‘Blaufuchs’, wrtl.: schwarzer Eisfuchs (Pek 1419 *xara kyrsa* ‘goluboj pesec’) | *xara sahïl* ‘Schwarzfuchs’ (Pek 2120 *xara sasyl* ‘lisica černaja’) | *xara kus* ‘Samtente’, wrtl.: schwarze Ente (DSJaJa 281 Abyj., Mom., Verx. *xara kus* ‘turpan’) | *xara xaas* ‘Ringelgans’, wrtl.: schwarze Gans (Pek 3382 *xara xās* ‘nemok’) | *xara battax* ‘Lachmöwe’, wrtl.: schwarzes Kopfgefieder (Pek 407 *xara battax* ‘čajka obyknovennaja’) | *xara tüös* ‘Graubrust-Strandläufer’, wrtl.: schwarze Brust (DSJaJa 282 Abyj. *xara tüös* ‘raznovidnost' kulikov’) | *xara ǯabaǯï* ‘Alpenschneehuhn’, wrtl.: schwarze Mundwinkel (DSJaJa 281 Abyj., N-Kol., S-Kol., Verx., V-Kol. *xara d'abad'y* ‘tundrenaja kuropatka’) | *xara baγa* ‘Kröte’, wrtl.: schwarzer Frosch (RJaS 154 *xara baġa* ‘žaba’) | *xara atax* ‘Muksun-Renke’, wrtl.: schwarze Füße (DSJaJa 181 Kob., U-Jan., Verx., Vil. *xara atax* ‘raznovidnost' muksuna, krupnyj sig’) | *xara uorγa* ‘Aalquappe’, wrtl.: schwarzer Rücken (DSJaJa 282 M-K. *xara uorġa* ‘nalim’).

Mit den Pferdefarben *büör xara*, *xara čuoγur*, *xara ǯaγïl*, *xara köγöččör*, *xara maŋaas*, *xara turaγas*, *sappïγaan xara*, *siär xara*, *suor xara* (s. 2.2.1), den Rinderfarben *xara äriän*, *xara saaǯaγaγ*, *kürüŋ xara* (s. 2.3.1) sowie der Pferde- und Rinderfarbe *xara maγaas* (s. 2.4.1) wird eine besondere Schattierung von *xara* oder ein schwarzes Fell mit andersfarbigen Abzeichen erfasst.

Da männliche und weibliche Vögel oft unterschiedlich gefärbt sind, kann *xara* in Verbindung mit dem Artnamen eindeutig das Geschlecht bestimmen. Birkhähne und Auerhähne haben ein schwarzes Federkleid, die weibliche Kornweihe ist an Flügeln und Rücken schwarzbraun.

♦ *xara kurtuγax* ‘Birkhahn’, wrtl.: schwarzes Birkhuhn (Pek 1251 *xara kurtujax* ‘teterev kosač’) | *xara ular* ‘Auerhahn’, wrtl.: schwarzes Auerhuhn (JaRS 481 *xara ular* ‘gluxar'-samec’) | *xara kutuγaxsït* ‘weibliche Kornweihe’, wrtl.: schwarze Mäusejägerin (JaRS 481 *xara kutujaxsyt* ‘samka polevogo lunja’).

Innerhalb einer Vogelgattung unterscheidet *xara* eine dunkle Spezies von den heller gefärbten Arten. Flügel und Schwanz der Wacholderdrossel sind schwarzbraun, Gefieder, Schnabel und Beine der Rabenkrähe völlig schwarz; der Mönchskranich ist schwarzgrau gefärbt. Im Sommer hebt sich der Dunkle Wasserläufer von den übrigen Artgenossen durch seine schiefergraue Tönung ab; der Mäusebussard hat ein dunkleres Gefieder als der Rauhfußbussard.

♦ *xara čaččïgïnïar* 'Wacholderdrossel', wrtl.: schwarze Drossel (JaRS 509 *xara čaččygynyar* 'drozd-rjabinnik') | *xara turaax* 'Rabenkrähe', wrtl.: schwarze Krähe (Pek 2841 *xara turāx* 'ptica Corvus orientalis') | *xara turuya* 'Mönchskranich', wrtl.: schwarzer Kranich (JaRS 481 *xara turuja* 'čërnyj žuravl'') | *xara čökčöŋö* 'Dunkler Wasserläufer', wrtl.: dunkler *čökčöŋö* (RJaS 710 *xara čökčöṅö* 'ščëgol'') | *xara sar* 'Mäusebussard', wrtl.: dunkler Rauhfußbussard (JaRS 481 *xara sar* 'saryč obyknovennyj').

Außerdem wird mit *xara* der farbliche Unterschied zwischen zwei nicht miteinander verwandten, aber ähnlichen Vogelarten herausgestellt. Abgesehen von dem schwarzbraunen Rückengefieder stimmt die Fleckschnabelente im Aussehen mit der weiblichen Stockente überein. Der schwarzbraune Pazifiksegler hat wie die Schwalbe einen gegabelten Schwanz, jedoch keine helle Bauchseite. In der mittleren Indigirka-Region ist *xančaala* 'Schnee-Eule' auf zwei Hühnervögel übertragen worden, nämlich auf Felsenauerhahn und Moorschneehuhn. Das Farbattribut *xara* unterscheidet den dunklen, nur am Rücken sowie an Flügeln und Schwanz weißgefleckten Felsenauerhahn von dem im Winter rein weißen Moorschneehuhn (*ürüŋ xančaala*).

♦ *xara köγön* 'Fleckschnabelente', wrtl.: schwarze Stockente (DSJaJa 281 Tokk. *xara köġön* 'raznovidnost' krjakovyx utok') | *xara xaraŋaččï* 'Pazifiksegler', wrtl.: schwarze Schwalbe (Pek 3342 *xara xaraṅaččy* 'kamennyj striž') | *xara xančaala* 'Felsenauerhahn', wrtl.: schwarze Schnee-Eule (DSJaJa 282 Abyj. *xara xančaala* 'gluxar'').

Weiterhin verweist *xara* bei Tieren, die mit einem Sammelbegriff erfasst werden, auf eine dunklere Tönung; ausschlaggebend ist dabei nicht die Farbe, sondern die Helligkeitsstufe. Mit *xara tüülääx* grenzt man die bunten Rinder von den meist hellfarbig gezüchteten Pferden ab und mit *xara balïk* die dunkelgefärbten Seefische von den hellen Flussfischen.

♦ *xara tüülääx* 'Hornvieh', wrtl.: mit dunklem Fell (JaRS 417 *xara tüülėėx* 'rogatyj skot') | *xara balïk* 'Seefische', wrtl.: dunkle Fische (DSJaJa 281 Žig. *xara balyk* 'obščee nazvanie ozërnoj ryby).

d) xara in Pflanzennamen

Bei Gewächsen kennzeichnet *xara* schwarze und schwärzlichviolette Pflanzenteile. Ahlbeeren sind schwarz, die Blütenköpfchen der Braunelle sowie die Rispen des Mongolischen Straußgrases dunkelviolett. Die lederigen Blätter des Wintergrüns nehmen sich wegen der stark ausgeprägten Adern stellenweise schwarz aus; für den Schlammschachtelhalm sind Blattscheiden mit schwarzen Zähnen typisch.

♦ *xara xaptaγas* 'Ahlbeere', wrtl.: schwarze Johannisbeere (DSJaJa 282 Am., Kob. *xara xaptaġas* 'čërnaja smorodina') | *xara töbö* 'Braunelle', wrtl.: schwarzer Kopf (Tolmačev 419 *xara töbö* 'černogolovka obyknovennaja') | *xara bïalïk* 'Mongolisches Straußgras', wrtl.: schwarzer *bïalïk* (DSJaJa 382 V-Vil. *xara byalyk* 'polevica') | *xara säbirdäx* 'Wintergrün', wrtl.: schwarze Blätter (Pek 2144 *xara säbirdäx* 'podkopytnik') | *xara boruu* 'Schlammschachtelhalm', wrtl.: schwarzer Schachtelhalm (Pek 503 *xara borū* 'černyj xvošč').

Innerhalb einer Pflanzengattung unterscheidet *xara* eine dunkle Art von einer mit *ürüŋ* umschriebenen helleren Spezies, allerdings nur in Bezug auf ein bestimmtes Merkmal, nämlich die Färbung der Rinde.

♦ *xara ïarya* 'Kümmerliche Birke', wrtl.: dunkle Birke (Karavaev 85 *xara yarga* 'berëzka toščaja') | *xara bïlax* 'Wollige Weide', wrtl.: dunkle Mandelweide (Karavaev 81 *xara bylax* 'iva moxnataja') | *xara iirä* 'Lorbeerweide', wrtl.: dunkle Mandelweide (JaRS 143 *xara iirė* 'černotal') | *xara üöt* 'Lorbeerweide', wrtl.: dunkle Weide (Karavaev 84 *xara uet* 'iva pjatityčinkovaja').

Als generell gebrauchte Bezeichnung fungiert außerdem das Lehnwort **čuornay** ~ **čuorunay** 'schwarz' < r. *černyj* 'schwarz' (Pek 3694 *čuornai* ~ *čuorunai* [russk.] 'černyj').

1.1.2 Speziell gebrauchte Bezeichnungen für 'dunkel'

Neben *xara* gibt es einige Begriffe, die nur im Sinne von 'dunkel' gebraucht werden, aber gleichwohl eine gewisse Farbigkeit vermitteln, da ihr Helligkeitswert abgewandelt und in seiner Intensität verstärkt oder vermindert werden kann. Im Gegensatz zu *xara* lassen sich diese Benennungen nicht auf jedes Objekt beziehen, sondern vorwiegend auf in der Natur wahrnehmbare Erscheinungen, mitunter auch auf die Farbe der Haut.

baraan — dunkel.

Beleg: Pek 372 *barān* 'temnyj'.

Steigerungsformen: **tümän baraan** 'sehr dunkel' (Pek 2891 *tümän barān* 'očen' temnyj'), **tüŋ baraan** 'stockfinster' (Pek 2891 *tüň barān* 'nepronicaemo tusklyj').

Das Wort *baraan* ist wie kasachisch *baran* und barabinisch *paraan* eine Entlehnung von mong. *baragan* 'dunkel; dunkelbraun (von Pferden)' (Doerfer 1995: 223). Während *baran* und *paraan* ausschließlich auf dunkelfarbene Pferde angewendet werden (s. Laude-Cirtautas 1961: 105 s.v. *baran*), kennzeichnet *baraan* vor allem Objekte, mit denen sich eine abnehmende Helligkeit verbindet oder die ihre Helligkeit eingebüßt haben. In Einzelstellung lässt sich *baraan* lediglich in *Baraan baatïr*, dem Namen der Herdgottheit, nachweisen (Pek 372 *Barān bātyr* 'bog každago očaga, jurty'). Abstufungen von *baraan* werden durch ein Farbattribut oder mittels eines Vergleichsobjekts erzielt: **xara baraan** 'schwärzlichdunkel, dunkelhäutig, bräunlich, brünett' (Pek 372 *xara barān* 'temnyj cvet noči, černyj cvet lica, brjunet' ~ 3330 *xara barān* 'smuglyj') und **tüün baraan** 'dunkel wie die Nacht, stockfinster' (Pek 2893 *tǖn barān* 'neprogljadnyj') sowie **siär baraan** 'bräunlichdunkel' (Pek 2192 *siär barān* 'temnoseryj'). Da die Pferdefarbe *siär* für 'rehbraun' steht

(s. 2.2.1), kann *siär baraan* kaum die Bedeutung 'temnoseryj' (dunkelgrau) zukommen.

♦ *xara baraan sïraydaax* 'sonnenverbrannt', wrtl.: mit dunkelhäutigem Gesicht (Pek 372 *xara barān syraidāx* 'smuglyj') | *siär baraan tüün* 'bräunlichdunkle Nacht' (Pek 2192 *siär barān tǖn* 'temnoseraja noč'') | *tüün baraan daydï* 'Land, in dem stockfinstere Nacht herrscht', wrtl.: Land so dunkel wie die Nacht (Pek 2893 *tǖn barān daidy* 'strana, gde carit neproglnadjana noč'').

barïŋïy — dunkel; < *barïy-* 'sich schwarz abheben, schwarz schimmern'.

Beleg: Pek 386 *baryńyi* [ot *baryi*] 'temnyj'.

xaraŋa — dunkel; < *xara* 'schwarz, dunkel'.

Belege: JaDW 81 *xarańa* 'dunkel'; Pek 3340 *xarańa* [ot *xara* + *ńa*] 'temnyj'; JaRS 483 *xarańa* 'tëmnyj'.

Nominale Weiterbildung: **xaraŋatïŋï** 'schwärzlich, leicht dunkel, ziemlich schmutzig' (Pek 3341 *xarańatyńy* [ot *xarańa* + *tyńy*] 'černovatyj, temnovatyj, grjaznovatyj'; JaRS 483 *xarańatyńy* 'temnovatyj').

Verbale Weiterbildungen: **xaraŋalan-** 'sich in Dunkel hüllen' (Pek 3340 *xarańalan-* [ot *xarańa* + *lā* + *n*] 'pokryvat'sja temnotoju'), **xaraŋar-** 'dunkel werden' (Pek 3341 *xarańar-* [ot *xarańa* + *r*] 'temnet''; JaRS 483 *xarańar-* 'temnet', mračnet''), **xaraŋatïy-** 'sich verdunkeln' (Pek 3341 *xarańatyi-* [ot *xarańa* + *tyi*] 'zatemnjat'sja').

Steigerungsform: **xabïs xaraŋa** 'ganz dunkel' (Pek 3221 *xabys xarańa* 'soveršenno temnyj'; JaRS 483 *xabys-xarańa* 'očen' tëmnyj').

♦ *xaraŋa bïlït* 'dunkle Wolke' (Pek 3340 *xarańa bylyt* 'černoe oblako') | *xaraŋa tüün* 'dunkle Nacht' (JaRS 483 *xarańa tüün* 'tëmnaja noč'') | *xaraŋa ïy* 'Dezember, Januar', wrtl.: dunkler Monat (DSJaJa 281 Bul., Verx. *xarańa yj* 'dekabr', janvar'').

Der Begriff *xaraŋa*, der sich nur auf Naturphänomene zu beziehen scheint, kann durch ein Vergleichsobjekt in der Intensität näher bestimmt werden: **dalay xaraŋa** 'dunkel wie eine Wassertiefe' (JaRS 483 *dalaj xarańa* 'tëmnyj, kak vodnaja glub''), **ïas xaraŋa** 'dunkel wie Birkenteer' (JaRS 483 *yas xarańa* 'tëmnyj kak smol''), **tüün xaraŋa** 'dunkel wie die Nacht' (Pek 2893 *tǖn xarańa* 'temnonočnyj').

♦ *tüün xaraŋa künnääx* 'mit einer Sonne so dunkel wie die Nacht' (Pek 2893 *tǖn xarańa künnǟx* 's temnonočnym solncem').

Wie *xara* benutzt man auch *xaraŋa* in übertragener Bedeutung für 'düster' (Pek 3340 *xarańa* 'mračnyj') sowie für 'unvermischt' und 'groß, gewaltig'.

♦ *xaraŋa burγaa* 'Schneesturm ohne Beimischung von Wasser oder Schlamm' (Pek 3340 *xarańa burġā* 'černaja purga') | *xaraŋa buruy* 'schwerwiegendes Vergehen'

(JaRS 483 *xaraṅa buruj* 'tjažkoe prestuplenie') | *xaraŋa älbäx* 'Unmenge' (JaRS 483 *xaraṅa ėlbėx* 'besčislennoe množestvo').

xarïaɣaydaan ~ **xarïaxaydaan** — dunkelhäutig; < *xarïa* 'Ruß'.

Beleg: Pek 3372 *xaryaġaidān* ~ *xaryaxaidān* [ot *xarya*] 'černomazyj'.

tüŋ — dunkel, undurchdringlich.

Belege: Pek 2895 *tüṅ* 'nepronicaemyj'; JaRS 412 *tüṅ* 'tëmnyj, neprogljadnyj'.

1.2 Bezeichnungen für 'weiß, hell'

1.2.1 Generell gebrauchte Bezeichnungen für 'weiß, hell'

Die zusammenfassende Benennung *ürüŋ* scheint im Gegensatz zu der Kontrastfarbe *xara* einen unveränderlichen Helligkeitswert zu vertreten, denn es lassen sich keine Abstufungen von *ürüŋ* nachweisen. Es gibt jedoch zahlreiche nur auf bestimmte Objekte anwendbare Bezeichnungen für 'weiß' und 'hell', die besondere Helligkeitsstufen wiedergeben oder wie *maŋan* ~ *maɣan* zu diesem Zweck attributiv ergänzt werden (s. 1.2.2 und 1.2.3).

ürüŋ — weiß, hell.

Belege: JaDW 49 *ürüṅ* 'weiss'; Pek 3178 *ürüṅ* 'belyj, svetlyj'; JaRS 457 *ürüṅ* 'belyj, svetlyj'; Jak 186 *ürüŋ* 'weiß'.

Nominale Weiterbildungen: **ürüŋnüŋü** 'weißlich' (Pek 3180 *ürüṅnüṅü* [ot *ürüṅ* + *nüṅü*] 'belesovatyj, belovatyj'), **ürüŋsüör** 'weißlich [nicht bei Tieren]' (JaDW 49 *ürüṅsüör* 'weisslich'; Pek 3180 *ürüṅsüör* [ot *ürüṅ* + *süör*] 'belovatyj [bez otnošenija k masti]').

Verbale Weiterbildung: **ürüŋnää-** 'mit Weiß versehen, weiß anstreichen' (Pek 3180 *ürüṅnā-* [ot *ürüṅ* + *lā*] 'belit'').

Steigerungsform: **üp ürüŋ** 'ganz weiß' (Pek 3164 *üp ürüṅ* 'belym-belyj'; JaRS 456 *üp-ürüṅ* 'belyj-prebelyj, belejšij').

a) Anwendung in eigentlicher Bedeutung

Im Alt- und Mitteltürkischen war *ürüŋ* 'weiß' eine allgemeine Benennung, *aq* 'weiß' hingegen eine Tierfarbe (s. Clauson 1972: 75 *a:k* 'white' originally as the colour of an animal's coat as opposed to the more general word *ürüŋ*), nach Doerfer (1995: 221) die Schimmelfarbe schlechthin. Später wurde *ürüŋ* durch *aq* ersetzt, das wie *ürüŋ* nun jedes beliebige Objekt als weiß bzw. hell kennzeichnen kann (s. Laude-Cirtautas 1961: 38–48 s.v. *aq*). Als generell gebrauchte Bezeichnung hat sich *ürüŋ* nur im Jakutischen und im Chaladsch erhalten (s. Clauson 1972: 233 *ürüŋ* 'white' in a general sense, very common down to XI but almost obsolete thereafter. Survives in Yakut *ürüŋ*... und speziell Doerfer 1995: 220–221).

♦ *ürüŋ kün* 'helle Sonne' (JaRS 457 *ürüṅ kün* 'svetloe solnce') | *ürüŋ bïlït* 'weiße Wolke' (Pek 3178 *ürüṅ bylyt* 'beloe oblako') | *ürüŋ kün* 'heller Tag' (Pek 3179 *ürüṅ kün* 'svetlyj den'') | *ürüŋ tüün* 'weiße Nächte' (JaRS 457 *ürüṅ tüün* 'belye noči') | *ürüŋ kümaaγï* 'weißes Papier' (JaRS 457 *ürüṅ kümaaġy* 'belaja bumaga') | *ürüŋ kömüs* 'Silber', wrtl.: weißes Silber (Pek 1142 *ürüṅ kömüs* 'serebro') | *ürüŋ altan* 'Messing', wrtl.: helles Kupfer (Pek 82 *ürüṅ altan* 'želtaja med'') | *ürüŋ arïgï* 'Wodka', wrtl.: heller Wein (JaRS 47 *ürüṅ arygy* 'vodka') | *ürüŋ as* 'Butter, Sahne', wrtl.: weiße Speise (Pek 163 *ürüṅ as* 'maslo i slivki') | *ürüŋ ohoγos* 'Tierdärme mit Fettschicht', wrtl.: weiße Därme (Pek 1883 *ürüṅ osoġos* 'rod skotskix kišek, obložennyx žirom, lučšij sort' | *ürüŋ taraha* 'reiner Brustspeck', wrtl.: weißer Brustspeck (Pek 2567 *ürüṅ tarasa* 'belyj pokrov') | *ürüŋ arïï* 'mit Sauermilch vermischte Butter', wrtl.: weiße Butter (Pek 154 *ürüṅ arȳ* 'slivočnoe, smetannoe maslo').

Augen mit einer bläulichen, gräulichen oder weißlichen Iris sowie weiße Haare werden ebenfalls als *ürüŋ* eingeordnet.

♦ *ürüŋ xaraxtaax* 'helläugig' (Pek 3179 *ürüṅ xaraxtāx* 'beloglazyj') | *ürüŋ as* 'frühzeitig weiß gewordenes Haar' (Pek 164 *ürüṅ as* 'preždevremenno pobelevšij volos') | *ürüŋ bïtïktaax* 'weißbärtig' (Pek 3179 *ürüṅ bytyktāx* 'belobradyj').

Bei Dingen von gleicher Beschaffenheit, aber unterschiedlicher Helligkeit deutet *ürüŋ* auf die hellere und *xara* auf die dunklere Schattierung hin.

♦ *ürüŋ küdän* 'Bodennebel', wrtl.: heller Nebel (Pek 1278 *ürüṅ küdän* 'belaja mgla') | *ürüŋ buor* 'heller Lehm' (Pek 560 *ürüṅ buor* 'belaja glina [kotoroju jakuty krasjat kožu]') | *ürüŋ ïas* 'Lerchenteer', wrtl.: helles Harz (Pek 3750 *ürüṅ yas* 'belaja smola, listvenničnaja smola') | *ürüŋ ǰiä* 'gute Stube', wrtl.: helle Wohnung (Pek 817 *ürüṅ ċiä* 'gornica') | *ürüŋ aan* 'Vordertür', wrtl.: heller Eingang (Pek 3179 *ürüṅ ān* 'svetlaja, perednjaja dver'').

In sekundärer Bedeutung steht *ürüŋ* für 'Milch-, Milchprodukte' (Pek 3178 *ürüṅ* 'moločnye produkty; JaRS 457 *ürüṅ* 'moločnoe, moločnye produkty'); der Gräsername *ürüŋ bättiämä* verweist nicht auf eine weiße Färbung; er beschreibt vielmehr die Wiesenrispe als ein Gras, das die Milchleistung der Herdentiere steigert.

♦ *ürüŋ bättiämä* 'Wiesenrispe', wrtl.: Milch-*bättiämä* (DSJaJa 382 Tatt., V-Vil. *ürüṅ bėttiėmė* 'mjatlik lugovoj').

b) Anwendung in übertragener Bedeutung

In übertragenem Sinne wird *ürüŋ* für 'klar, rein' gebraucht (Pek 3179 *ürüṅ* 'čistyj'; JaRS 457 *ürüṅ* 'čistyj'; Jak 186 *ürüŋ* 'ehrenvoll'), und zwar hebt *ürüŋ* im Gegensatz zu *xara* 'düster, übel' nicht den negativen, sondern den positiven Charakter einer Sache oder einer Denkweise hervor.

♦ *ürüŋ sanaa* 'klares Denken' (Pek 3180 *ürüṅ sanā* 'svetlaja mysl'') | *ürüŋ aat* 'ehrenvoller Name' (Pek 3179 *ürüṅ āt* 'vysokoe imja') | *ürüŋ solo* 'edler Zweck' (Pek 3180 *ürüṅ solo* 'beloe [blagorodnoe] naznačenie') | *ürüŋ tïïn* 'reine Seele' (Pek 3180 *ürüṅ tȳn* 'belaja duša').

c) ürüŋ in Tiernamen

Im Hinblick auf Pferde wird *ürüŋ* für 'hell' benutzt, denn weiße und weißliche Pferde kennzeichnet man mit *maŋan* ~ *maγan* (s. 1.2.2) oder *kärä* (s. 2.2.1). Für Hornvieh lässt sich *ürüŋ* nur mit der Rinderfarbe *ürüŋ saaǰaγaγ* (s. 2.3.1) und dem Abzeichen *ürüŋnääx* (s. 2.3.2) belegen; ansonsten bezieht sich *ürüŋ* in den Namen von Säugetieren – abgesehen vom Eisbären – auf den weißen Winterpelz. Bei Vögeln erfasst *ürüŋ* das weiße Gefieder von Nonnenkranich, Schneegans und Schneeammer, aber ebenso das hellgraue Federkleid der Eismöwe; bei der Saatgans betrifft *ürüŋ* den weißen Unterschwanz.

♦ *ürüŋ ähä* 'Eisbär', wrtl.: weißer Bär (Pek 308 *ürüṅ äsä* 'belyj ili poljarnyj medved'') | *ürüŋ kuobax* 'weißer Schneehase' (RJaS 34 *ürüṅ kuobax* 'beljak') | *ürüŋ üγän* 'weißes Hermelin' (DSJaJa 271 U-Jan. *ürüṅ üjėn* 'gornostaj') | *ürüŋ turuγa* 'Nonnenkranich', wrtl.: weißer Kranich (DSJaJa 271 Sakk. *ürüṅ turuja* 'sterx') | *ürüŋ xaas* 'Schneegans', wrtl.: weiße Gans (Pek 3382 *ürüṅ xās* 'belyj gus'') | *ürüŋ čïïčaax* 'Schneeammer', wrtl.: weißes Vögelchen (Pek 3732 *ürüṅ čȳčāx* 'punočka podorožnik') | *ürüŋ xopto* 'Eismöwe', wrtl.: helle Möwe (Pek 3495 *ürüṅ xopto* 'čajka bol'šaja ili seraja') | *ürüŋ ämähä* 'Saatgans', wrtl.: weißer Hintern (DSJaJa 271 Njurb., V-Vil. *ürüṅ ėmėhė* 'gus' piskul'ka').

Außerdem kann mit *ürüŋ* innerhalb einer Vogelgattung oder Vogelgruppe eine helle Art von einer dunklen Spezies differenziert werden. Den Grauen Kranich bezeichnet man mit *ürüŋ turuγa*, wenn er neben dem schwarzgrauen Mönchskranich vorkommt; der Habichtskauz hat einen weißlichen Federschleier, während der ähnliche Bartkauz einen mit schwarzen Kreisen bedeckten Schleier trägt. Moorschneehuhn und Felsenauerhahn, die beide zu den Hühnervögeln gehören, werden in der mittleren Indigirka-Region *xančaala* 'Schnee-Eule' genannt, und zwar unterscheidet man das im Winter völlig weiße Moorschneehuhn mit *ürüŋ xančaala* von dem nur an Rücken, Flügeln und Schwanz weißgefleckten Felsenauerhahn (*xara xančaala*).

♦ *ürüŋ turuγa* 'Grauer Kranich', wrtl.: heller Kranich (DSJaJa 271 Gorn., Olek., Tatt. *ürüṅ turuja* 'seryj žuravl'') | *ürüŋ xaxxan* 'Habichtskauz', wrtl.: weißer Bartkauz (JaRS 490 *ürüṅ xaxxan* 'dlinnoxvostaja nejasyt'') | *ürüŋ xančaala* 'Moorschneehuhn', wrtl.: weiße Schnee-Eule (DSJaJa 271 Abyj. *ürüṅ xančaala* 'kuropatka').

Bei Fischen verweist *ürüŋ* auf silbrigweiße Schuppen, bei Insekten auf weiße oder weißliche Körperteile.

♦ *ürüŋ balïk* 'Weißlachs', wrtl.: weißer Fisch (Pek 358 *ürüṅ balyk* 'belaja rybica') | *ürüŋ ürümäčči* 'Weißling', wrtl.: weißer Schmetterling (JaRS 457 *ürüṅ ürümėčči* 'belaja babočka') | *ürüŋ mäyii* 'Maden', wrtl.: Weißköpfe (DSJaJa 271 Abyj., V-Kol. *ürüṅ mėjii* 'červi na gnilyx produktax').

Im Verbindung mit Sammelbegriffen unterscheidet *ürüŋ* eine helle Färbung von einer dunklen Tönung, und zwar im Hinblick auf die Helligkeitsstufe. Die hellfarbigen Pferde werden mit *ürüŋ tüüläax* von den bunten Rindern abgegrenzt, die hellen Flussfische mit *ürüŋ balïk* von den dunkler gefärbten Seefischen. Vgl. *ürüŋ xara süürük* 'Pferde- und Hornvieh', wrtl.: helle und dunkle Läufer (Pek 2412 *ürüṅ xara sūrük* 'belyj i černyj t.e. konnyj i rogatyj skot').

♦ *ürüŋ tüüläax* 'Pferde', wrtl.: mit hellem Fell (JaRS 417 *ürüṅ tüülėėx* 'konnyj skot') | *ürüŋ balïk* 'Flussfische', wrtl.: helle Fische (DSJaJa 270 Žig. *ürüṅ balyk* 'rečnaja ryba voobšče').

d) ürüŋ in Pflanzennamen

In Pflanzennamen bezieht sich *ürüŋ* stets auf ein Pflanzenteil, das durch seine weiße Färbung auffällt. Zur Reifezeit werden die runden Ähren des Wollgrases von einer langen weißen Wolle überragt; die unscheinbaren Blütenkörbchen des Edelweißes sind von weißfilzigen Hochblättern umstanden. Beim Sumpfschachtelhalm haben die Zähne der Blattscheiden einen breiten weißen Rand; der Hut des Pfeffermilchlings ist von einer weißen Haut überzogen.

♦ *ürüŋ töbö* 'Wollgras', wrtl.: Weißkopf (DSJaJa 382 N-Kol., S-Kol., V-Kol. *ürüṅ töbö* 'pušica') | *ürüŋ töbölööx ärbähin* 'Edelweiß', wrtl.: Kraut mit weißem Kopf (DSJaJa 382 Tatt. *ürüṅ töbölööx ėrbėhin* 'ėdel'vejs') | *ürüŋ boruu* 'Sumpfschachtelhalm', wrtl.: weißer Schachtelhalm (Pek 504 *ürüṅ borū* 'belyj xvošč') | *ürüŋ kunaax* 'Pfeffermilchling', wrtl.: weißer Pilz (Pek 1216 *ürüṅ kunāx* 'gruzd'').

Innerhalb einer Pflanzengattung kann *ürüŋ* eine Spezies mit weißer, weißbefilzter oder heller Rinde von Arten mit dunkler Rinde unterscheiden.

♦ *ürüŋ xatïŋ* 'Moorbirke', wrtl.: weiße Birke (Tolmačev 190 *ürüṅ xatyṅ* 'berëza pušistaja') | *ürüŋ talax* 'Kriechweide', wrtl.: weiße Weide (Pek 2537 *ürüṅ talax* 'rakitnik') | *ürüŋ üöt* 'Mandelweide', wrtl.: helle Weide (Pek 3161 *ürüṅ üöt* 'belaja iva').

1.2.2 Speziell gebrauchte Bezeichnungen für 'weiß'

Wie *ürüŋ* stehen die folgenden Benennungen manchmal auch für 'hell'; sie lassen sich jedoch nur auf bestimmte Objekte anwenden, insbesondere auf Augen, Haut oder Haar, auf Tiere sowie auf Erscheinungen in der Natur. Die Helligkeitsstufe einiger Bezeichnungen kann verstärkt oder verringert und ihr Farbwert mitunter durch die Voransetzung eines Farbattributs abgewandelt werden.

čakïrïas ~ čakkïrïas ~ čokuruos ~ čokkuruos — weiß, weißäugig, helläugig.

Belege: Pek 3558 *čakyryas* ~ *čakkyryas* ~ 3634 *čokuruos* 'belyj, beloglazyj (o čeloveke), osoboe sočetanie cvetov glaz lošadi'; JaRS 510 *čokkuruos* 'svetloglazyj'.

Bei Menschen bezieht sich *čakïrïas* ~ *čokuruos* auf blassblaue oder graublaue Augen, bei weißgeborenen Schimmeln auf die so genannten Glasaugen, deren Iris weißlich bis hellgrau ist; vermutlich ist *čakïrïas* eine Weiterbildung von *čakïr* 'weiß, rein weiß, weißgefleckt', das von den Jakuten als Tierfarbe, von anderen Türkvölkern aber als Augenfarbe benutzt wird (s. 2.1.1).

♦ *čakïrïas xaraxtaax at* 'Pferd mit weißen Augen' (Pek 3558 *čakyryas xaraxtāx at* 'kon' s belymi glazami') | *čokkuruos kihi* 'helläugiger Mensch' (JaRS 510 *čokkuruos kihi* 'svetloglazyj čelovek') | *čokkuruos at* 'weißäugiges Pferd' (JaRS 510 *čokkuruos at* 'svetloglazaja lošad' [osoboe sočetanie cvetov glaz lošadi]').

kïrïnaastïïr — weiß, rein weiß.

Beleg: DSJaJa 138 Ojm. *kyrynaastyyr* 'belyj, čisto belyj'.

Der Ausdruck *kïrïnaastïïr* dürfte sich von *kïrïnaas(tay)* 'Hermelin' ableiten, denn das Hermelin wird wegen seines schneeweißen Winterpelzes gejagt; vgl. *kïrïnaas kurduk tarbax* 'Finger [so weiß] wie ein Hermelin' (Pek 1426 *kyrynās kurduk tarbax* 'belyj [slovno gornostaj] palec').

maŋan ~ maγan — weiß, weißlich; < *maŋay-* 'weiß werden, weiß schimmern'.

Belege: JaDW 146 *mańan* 'weiss (Pferd, Haar, Wolke, Haus u.s.w., aber kein Rind)'; Pek 1523 *mańan* [ot *mańai* + *n*] 'belyj, belexon'kij, belovatyj, belesovatyj (lošad', volos, oblako, dom i t.d., no ne korova i t.d.) ~ 1499 *maġan* 'belyj (lošad', oblako, ptica, nebo, den')', sivyj (o kone)'; JaRS 235 *mańan* 'belyj'; Jak 108 *maŋan* 'weiß, wie Schnee'.

Nominale Weiterbildung: **maŋannïŋï** 'weißlich' (Pek 1523 *mańannyńy* [ot *mańan* + *nyńy*] 'belovatyj'; JaRS 235 *mańannyńy* 'belovatyj, belesyj').

Steigerungsformen: **bütäy maŋan** 'ganz weiß' (Pek 593 *bütäi mańan* 'soveršenno belyj [žerebec]'; JaRS 90 *bütėj mańan* 'sploš' belyj [o masti životnogo]'), **čakïr maŋan ~ čakïr maγan** 'ganz weiß' (Pek 3557 *čakyr maġan* 'soveršenno belyj, životnoe sploš' odinako beloe'; JaRS 507 *čakyr mańan* 'soveršenno belyj'), **čïŋkïl maŋan ~ čïŋkïl maγan** 'ganz weiß' (JaDW 121 *čyńkyl maġan* 'ganz weiss'; Pek 3719 *cyńkyl maġan* 'soveršenno belyj'; JaRS 515 *čyńkyl mańan* 'soveršenno belyj, belyj-prebelyj, belešij').

Im Gegensatz zu *ürüŋ* kennzeichnet *maŋan ~ maγan* nicht jedes beliebige Objekt als weiß oder hellfarbig; es gibt die weiße Tönung von Himmel, Wolke, Haus, Gewebe, Haar und Haut wieder, aber auch die Helligkeit des Tages.

♦ *maŋan bïlït* 'weiße Wolke' (Pek 615 *mańan bylyt* 'beloe oblako') | *maŋan bïlaat* 'weißes Tuch' (JaRS 235 *mańan bylaat* 'belyj flatog') | *maŋan siräydääx* 'mit weißem Gesicht' (JaRS 235 *mańan sirėjdėėx* 'belolicyj').

Insbesondere wird *maŋan* ~ *mayan* auf Pferde bezogen, und zwar auf weißgeborene Schimmel mit völlig weißer Grundfarbe auf heller, rötlicher Haut oder mit dunkler Grundfarbe und stark hervortretenden weißen Haaren sowie auf weiße Abzeichen; dem entsprechen die Pferdefarben *kïlba maŋan* ~ *kïlba mayan* ~ *kïlbarï maŋan*, *küöx mayan*, *mïnalgï maŋan*, *üüt mayan* (s. 2.2.1) und das Pferdeabzeichen *xastïrxay maŋan* ~ *xastïrxay maŋaas* (s. 2.2.2). Der Ausdruck *maŋan* ~ *mayan* lässt sich nicht auf Hornvieh anwenden, denn für das Weiß von Rindern wird *munaa-maŋan* ~ *munaa-mayan* gebraucht, jedoch auf Vögel und ebenso auf Insekten, bei denen es eine weißlich schimmernde Tönung anzeigt. Der Nonnenkranich hat ein rein weißes Gefieder; dem Grauen Kranich wird das Attribut *maŋan* ~ *mayan* zugestanden, wenn er neben dem schwarzgrauen Mönchskranich vorkommt. Die Schneeammer ähnelt dem ostsibirischen Gimpel, ist aber nicht grau, sondern weiß mit schwarzem Rücken und Schwanz.

♦ *maŋan tüülääx* 'mit weißem Fell' (Pek 1523 *mańan tṻlǟx* 'belomastnyja životnyja') | *mayan biä* 'weiße Stute' (Pek 1499 *maġan biä* 'belaja kobyla') | *mayan ähä* 'Eisbär', wrtl.: weißer Bär (DSJaJa 155 Bul. *maġan ėhė* 'belyj medved'') | *mayan kïtalïk kïïl* 'weißer Nonnenkranich' (Pek 1499 *maġan kytalyk kȳl* 'belyj sterx') | *maŋan turuya* ~ *mayan turuya* 'Grauer Kranich', wrtl.: weißlicher Kranich (DSJaJa 157 Gorn., Njurb. *mańan turuja* ~ 155 Tatt. *maġan turuja* 'seryj žuravl'') | *mayan tulluk kïïl* 'Schneeammer', wrtl.: weißer Gimpel (Pek 1499 *maġan tulluk kȳl* 'belyj snigir'') | *maŋan mäyii* 'Motte, Libelle', wrtl.: weißlicher Kopf (DSJaJa 157 S-Kol. *mańan mėjii* 'mol', strekoza').

Nach der Quellenlage scheint *maŋan* ~ *mayan* auf keine Gewächse anwendbar zu sein; um weiße Pflanzenteile farblich zu beschreiben, benutzt man *ürüŋ*. Dem widerspricht nicht, dass das Schwingelschilf in der Wiljui-Region *mayan ölöŋ* genannt wird, denn *mayan* verweist auf die Schneehaube, mit der die Rispe des meterhohen Schwingelschilfs im Winter bedeckt ist, weshalb das Gras in diesem Gebiet auch *xaar bas* 'Schneekopf' heißt (DSJaJa 382 Njurb. *xaar bas* 'trostjanka ovsjanicevaja'). Die Farbe von Schnee kann aber mit *maŋan* wiedergegeben werden, wie das Beispiel *tunalï maŋan xaar* 'glänzendweißer Schnee' (s. unten) zeigt.

♦ *mayan ölöŋ* 'Schwingelschilf', wrtl.: weißer *ölöŋ* (DSJaJa 378 V-Vil. *maġan ölöń* 'trostjanka ovsjanicevaja').

Durch einen Helligkeitsbegriff attributiv ergänzt wird *maŋan* ~ *mayan* in seiner Intensität näher bestimmt: **kiläbir mayan** ~ **kilbägir mayan** ~ **kïlbaŋ mayan** ~ **kïlbaraŋ maŋan** ~ **kïrta maŋan** ~ **n'ïlaban mayan** ~ **n'ïmalaŋ maŋan** ~ **tunalyan mayan** ~ **tunalï maŋan** 'glänzendweiß' (Pek 1081 *kiläbir maġan* ~ 1084 *kilbägir maġan* ~ 1383 *kylbań maġan* ~ 1523 *kylbarań mańan* ~ 1419 *kyrta mańan* ~ 1742 *njylaban maġan* ~ 1746 *njymalań mańan* ~ 2814 *tunalġan maġan* ~ *tunaly mańan* 'blestjašče-belyj'), **n'ïlaman maŋan** ~ **n'ïlaman maγan** 'rein weiß' (Pek 1742 *njylaman mańan* ~ *njylaman maġan* 'sovsem belyj'; JaRS 263 *n'ylaman mańan* 'čisto belyj'; Jak 118 *n'ïlaman maŋan* 'mit weißem Gesicht, mit weißer Haut, weißhäutig [Schimpfwort]'). Der Gebrauch von *n'ïmalaŋ maŋan* ~ *n'ïlaban maγan* bzw. *n'ïlaman maŋan* ~ *n'ïlaman maγan* ist auf Lebewesen beschränkt.

♦ *kïlbaŋ maγan doγdu* 'glänzendweiße Gegend' (Pek 1383 *kylbań maġan doidu* 'blestjašče-belaja mestnost'') | *kïlbaraŋ maŋan kïrdal* 'glänzendweiße Anhöhe inmitten eines Feldes' (Pek 1523 *kylbarań mańan kyrdal* 'blestjašče-beloe, čut' grebnem pripodnjalos'-protjanulos', pole') | *n'ïlaman maŋan ǰaxtar* 'Frau mit glänzendweißem Gesicht' (JaRS 263 *n'yalaman mańan d'axtar* 'belolicaja ženščina') | *tunalγan maγan xallaan* 'glänzendweißer Himmel' (Pek 2814 *tunalġan maġan xallān* 'blestjaščee-beloe nebo') | *tunalï maŋan xonuu* 'glänzendweiße Felder' (JaRS 401 *tunaly mańan xonuu* 'belye-belye polja') | *tunalï maŋan xaar* 'glänzendweißer Schnee' (JaRS 401 *tunaly mańan xaar* 'oslepitel'no belyj sneg').

Helligkeitsabstufungen können auch durch ein Vergleichsobjekt erzielt werden: **xaar maŋan** ~ **xaar maγan** 'schneeweiß' (Pek 3329 *xār maġan* 'snežnobelyj'; JaRS 468 *xaar mańan* 'snežno-belyj'), **tuus maŋan** 'weiß wie Salz, ganz weiß, weiß schimmernd' (JaRS 235 *tuus mańan* 'belyj-prebelyj, belejšij') und **muus maŋan** 'weiß wie Eis, milchfarben' (Pek 1640 *mūs mańan* 'ledovato-belyj, moločnago cveta'). Im Sinne von 'eisfarben' fungiert *muus* gleichfalls in *muus xarax*, wrtl.: Eisaugen (Pek 1640 *mūs xarax* 'golubye, svetlye glaza'), einem unter Jakuten gebräuchlichen Spottnamen für Russen und Polen, der auf deren helle Augen anspielt.

♦ *xaar maγan battaxtaax* 'mit schneeweißen Haaren [bei Frauen]' (Pek 3329 *xār maġan battaxtāx* 's belosnežnymi volosami [o ženščine]').

Eine Abschwächung des Helligkeitswerts ergibt sich durch die Voranstellung von *mïnaar*, das möglicherweise mit *manarxay* 'bleich' zusammenhängt: **mïnaar maŋan** 'weißlich, von bleicher Färbung' (Pek 1657 *mynār mańan* 'belesovatyj, s bezkrovnym ottenkom'). Durch ein Farbadjektiv näher bestimmte Schattierungen sind **ölkökü maŋan** 'gräulichweiß' (Pek 1931 *ölkökü mańan* 'izgoluba belyj'), **sundul maŋan** 'gelblichweiß' (Pek 2336 *sundul mańan* 'želtovato-belyj') und **araγas maŋan** ~ **araγas maγan** 'gelblichweiß, rötlichweiß' (Pek 1523 *araġas mańan* 'izkrasna-belyj' ~ 1499 *araġas maġan* 'želto-belyj, izkrasna-belyj [nebo, berezka]'). Mit *araγas maŋan* ~ *araγas maγan* wird eine bestimmte Tönung des Himmels wiedergegeben und die bei jungen Birken zunächst rötliche, allmählich aber in Weiß übergehende Färbung der Rinde beschrieben. Dieselbe Abstufung erfasst **xatïr maŋan** ~ **xatïr maγan** 'rötlichweiß wie Birkenrinde' (Pek 3410 *xatyr mańan* ~ *xatyr maġan* 'krasnovatobelyj kak beresta'). Der Begriff *xatïr* (vgl. *xat-* 'austrocknen') kann anscheinend – wie bei dem Pferdeabzeichen *xatïr tumustaax* 'mit rötlichweißem Maul' (s. 2.2.2.) – auch ohne Bindung an *maŋan* ~ *maγan* ein rötliches Weiß vertreten.

♦ *sundul maŋan sïŋaha* 'gelblichweißer Sitzbankrand' (Pek 2336 *sundul mańan syńasa* 'želtovato-belyj poruben'').

maŋayaana — weiß; < *maŋay-* 'weiß werden, weiß schimmern'.

Beleg: Pek 1522 *mańajāna* [ot *mańai* + *āna*] 'belyj'.

Im Hinblick auf die weiße Gesichtsfarbe eines Mannes ist *maŋayaana* wie *n'ïlaman maŋan* (s. oben) und *turtaɣar* (s. unten) pejorativ gebraucht.

♦ *maŋayaana burduk* 'weißes Mehl' (Pek 1522 *mańajāna burduk* 'belaja muka') | *maŋayaana Bahïïlay* 'weißhäutiger Vasilij', wrtl.: weißer Vasilij (Pek 1522 *mańa-jāna Basȳlai* 'belolicyj Vasilij').

maŋxaɣar — weiß, schneeweiß, weißhaarig; < *maŋxay-* 'weiß werden, weiß schimmern, weiße Haare bekommen'.

Belege: Pek 1525 *mańxaġar* [ot *mańxai* + *ġar*] 'belyj, sedoj, belosnežnyj'; JaRS 235 *mańxaġar* 'belyj, belejuščij, sedoj'.

maŋxayaana — weiß; < *maŋxay-* 'weiß werden, weiß schimmern'.

Beleg: Pek 1525 *mańxajāna* [ot *mańxai* + *āna*] 'belyj'.

Für *maŋxayaana* dürften dieselben Kriterien wie für *maŋayaana* gelten.

munaa-maŋan ~ **munaa-maɣan** — sehr weiß, sehr hell.

Beleg: Pek 1620 *munā-mańan* ~ *munā-maġan* 'očen' belyj, svetlyj (byk, korova, odežda, sneg, lico)'.

Von Pferden abgesehen, wird der Ausdruck auf ähnliche Objekte angewendet wie *maŋan* ~ *maɣan*; im Gegensatz zu *maŋan* ~ *maɣan* lässt er sich aber auf Rinder beziehen, d.h., dass *munaa-maŋan* ~ *munaa-maɣan* ein mit Rindern, jedoch nicht mit Schimmeln zu vereinbarendes Weiß wiedergibt. Die Bedeutung von *munaa* ist unbekannt; es könnte sich allerdings um ein Gradationswort im Sinne von 'sehr' handeln, in Entsprechung zu der dolganischen Postposition *mun'aa*, die gleichfalls eine Intensivierung bewirkt (DSJaJa 165 *mun'aa* 'očen'' [sehr], *ulaxan mun'aa muostaax* 's ogromnymi rogami' [mit sehr großen Hörnern]').

♦ *munaa-maŋan taŋastaax* 'in sehr heller Kleidung' (Pek 1620 *munā-mańan tańas-tāx* 'v beloj odežde').

munaat-manaat — weiß, hell (beim Himmel).

Beleg: Pek 1621 *munāt-manāt* 'svetlyj, belyj, o nebe'.

Das Hendiadyoin *munaat-manaat* vermittelt ein aufgehelltes Weiß, das aber in seiner Anwendung auf den Himmel beschränkt zu sein scheint. Weder *munaat* noch *manaat* sind als selbständige Wörter belegt und semantisch geklärt; Pekarskij verweist von *munaat* auf *munaa* sowie von *munaat-manaat* auf *unaat-manaat* (s. unten).

turtaγar — weiß, ausgebleicht, weißhaarig; < *turtay-* 'weiß werden, weiß schimmern, weiße Haare bekommen'.

Belege: Pek 2844 *turtaġar* [ot *turtai* + *ġar*] 'sedoj'; JaRS 406 *turtaġar* 'belyj, belejuščij, sedoj'.

Wie *maŋayaana* und *n'ïlaman maŋan* (s. oben) kommt *turtaγar* im Hinblick auf die weiße Gesichtsfarbe eines Mannes eine pejorative Bedeutung zu.

♦ *turtaγar battax* 'weißes Haar' (JaRS 406 *turtaġar battax* 'sedye volosy') | *čančïktara turtaγar* 'seine Schläfen sind grau meliert' (JaRS 406 *čančyktara turtaġar* 'viski u nego s prosed'ju') | *turtaγar subalaax* 'Arbeitsscheuer', wrtl.: mit weißer Haut (JaRS 406 *turtaġar subalaax* 'beloručka').

unaat-manaat — weiß, hell (beim Himmel).

Beleg: Pek 3017 *unāt-manāt* 'svetlyj, belyj (o nebe)?'.

Obwohl Pekarskij auf *munaat-manaat* verweist, das im selben Sinne erläutert wird, stellt er die Definition von *unaat-manaat* in Frage, denn er erwägt zudem eine Verbindung zwischen *unaat* und *unaar* 'Dunst, Nebelschleier' (Pek 3016 *unār* 'marevo, suxoj tuman'). Ein Zusammenhang könnte aber auch zwischen *unaat-manaat* und *unaar-manaar* 'Grenze, Ende' (Pek 1514 *unār-manār* 'predel, konec') bestehen. Da *manaar* in der Bedeutung ungeklärt ist, dürfte es sich bei *unaar-manaar* um ein Echowort handeln. Zu Echowörtern merkt Schönig (2000: 60, Fußnote 1) an, dass es unwesentlich ist, ob beide Komponenten als Einzelwörter existieren, wichtig hingegen, dass die Bildungen bestimmten Schemata genügen. Im Hinblick auf *unaar-manaar* 'Grenze' steht die Komponente *unaar* für 'Dunst, Nebelschleier', womit sich eine begrenzte Sicht verknüpft. Ebenso verhält es sich bei einem dunstverhangenen Himmel; seine blassweiße Tönung scheint gleichfalls undurchdringlich zu sein und den Augen eine Grenze aufzuzeigen. Als Abwandlungen von *unaar-manaar* könnten demnach *unaat-manaat* und *munaat-maanat* ein diesiges Weiß des Himmels wiedergeben. Die phonetischen Veränderungen lassen ein Sprachtabu vermuten; nach Meinung von Beth (1927: 131) ist Tabu "das, was zu meiden ist, und zwar weniger deshalb, weil es gefährlich ist, als vielmehr deshalb, weil eine gewisse Ehrfurcht vor dem Objekt empfunden wird" – in der Anschauung der Jakuten trifft dies auf den Himmel zu.

1.2.3 Speziell gebrauchte Bezeichnungen für 'hell'

Wie für 'dunkel' gibt es auch für 'hell' besondere Benennungen; ihre ungewöhnliche Vielfalt deutet darauf hin, dass die Anwendung der einzelnen Begriffe jeweils an ein bestimmtes Objekt gebunden ist. Solche Ausdrücke sind meistens deverbale

Nomina, die sehr differenziert die Art oder die Intensität von Helligkeit beschreiben, vor allem im natürlichen Bereich.

alamay — hellglänzend, leuchtend (bei der Sonne); < *alay-* 'sehr hell glänzen (bei der Sonne)'.

Belege: Pek 65 *alamai* [ot *alai*] 'sijajuščij, jasnyj (o solnce)'; JaRS 37 *alamaj* 'sijajuščij, jasnyj (o solnce)'.

♦ *alamay kün* 'hellglänzende Sonne' (Pek 65 *alamai kün* 'solnce, sijajuščee v polnom bleske, jasnoe solnce').

čaγaan — glänzend, funkelnd.

Beleg: Pek 3547 *čaġān* 'blestjaščij, iskristyj'.

Pekarskij verweist von *čaγaan* auf *čaγalïy-* 'glänzen'; *čaγaan* dürfte aber von mong. *čagan* 'licht, hell (von einer Farbe)' entlehnt sein.

♦ *čaγaan ot* 'glänzendes Feuer' (Pek 3547 *čaġān ot* 'blestjaščij, iskristyj ogon'').

čaγalxay — glänzend; < *čaγalïy-* 'glänzen'.

Beleg: Pek 3547 *čaġalxai* [ot *čaġalyi* + *xai*] 'blestjaščij'.

čaγïlγannaax — glänzend; < *čaγïlγan* 'Glanz'.

Belege: JaDW 119 *čaġylġannāx* 'glänzend'; Pek 3550 *čaġylġannāx* [ot *čaġylġan* + *lāx*] 'blestjaščij'.

čaγïlxay — hell, glänzend, blendend; < *čaγïlïy-* 'glänzen'.

Belege: Pek 3550 *čaġylxai* [ot *čaġylyi* + *xai*] 'blestjaščij'; JaRS 507 *čaġylxaj* 'jarkij, oslepitel'nyj, jasnyj'.

♦ *čaγïlxay kün* 'helle Sonne' (JaRS 507 *čaġylxaj kün* 'jarkoe solnce') | *čaγïlxay xallaan* 'klarer Himmel', wrtl.: heller Himmel (JaRS 507 *čaġylxaj xallaan* 'jasnoe nebo').

čäl ~ čääl — hell.

Beleg: Pek 3599 *čäl ~ čǟl* 'jarkij'.

Nach Kőhalmi (1966: 50) kommt das Wort *čil ~ čel ~ čal* selten in mongolischen und türkischen, häufiger jedoch in tungusischen Farbbezeichnungen vor, und zwar stets im Zusammenhang mit etwas Hellem. Als Beispiele zitiert sie u.a. ewenk. *čälkä ~ čalka ~ čolko* 'weißhaarig, hellhaarig, weiß (beim Rentier)', mong. *čil ~ čel* 'hellgrau', kalmückisch *tšil* 'hell, blass' sowie osmanisch *čil ~ čal at* 'Pferd mit gemischten Haaren, mit weißen Flecken'; vgl. auch mong. *čal* 'weißhaarig' (Laude-Cirtautas 1961: 97, Fußnote 3). Zu dem osmanischen Beleg ist anzumerken, dass *čil* und *čal* nicht identisch sind; *čil* wird für 'gefleckt' verwendet (s. Clauson 1972: 417

çil 'spotted, leprous', and the like), *čal* hingegen wie in anderen Türksprachen für 'grau' (s. Laude-Cirtautas 1961: 97–98 s.v. *čal* und Clauson 1972: 417 *ça:l* originally 'of a mixed black and white colour', hence 'grey', particularly of hair). Im Jakutischen geht *čaalay* 'grau' (über r. *čalyj*) auf türkisch *čal* zurück (s. 2.1.1); hingegen ist *čäl* ~ *čääl* 'hell' von mong. *čel* entlehnt (Kałużyński 1979: 43). Bei **čääläy** 'hell' (JaRS 517 *čėėlėj* 'jarkij (o zelene)'; Jak 202 *čääläy* 'klar, hell') handelt es sich vermutlich um eine nominale Weiterbildung von *čääl*. Pekarskij führt *čääläy* als ein Gradationswort im Sinne von 'gänzlich' an (Pek 3600 *čǟläi* 'celikom'); er übersetzt *čääläy küöx* (s. 1.5.1) aber mit 'jarkozelenyj' (hellgrün).

xalabaada — glänzend, funkelnd.

Beleg: Pek 3256 *xalabāda* 'blestjaščij, sverkajuščij'.

xallaan — hell, rein, klar (beim Himmel); < *xalïn-* 'sich aufklären'.

Belege: JaDW 84 *xallān* 'heiter (vom Himmel)'; Pek 3265 *xallān* [ot *xalyn* + *ān*] 'svetlyj, čistyj, jasnyj (o nebe)'; JaRS 476 *xallaan* 'svetlyj, čistyj, jasnyj'.

♦ *xallaan kün* 'klarer Tag' (Pek 3265 *xallān kün* 'jasnyj den'') | *xallaan taŋara* 'klarer Himmel' (Pek 2551 *xallān taṅara* 'jasnoe nebo').

ǰäŋkir — hell, klar, durchsichtig; < *ǰäŋkiy-* 'hell werden'.

Belege: JaDW 123 *ċäṅkir* 'klar, durchsichtig'; Pek 811 *ċäṅkir* [ot *ċäṅkii*] 'svetlyj, prozračnyj; JaRS 137 *d'ėṅkir* 'prozračnyj, prosvečijavuščij'.

♦ *ǰäŋkir taas* 'durchsichtiger Stein' (JaRS 137 *d'eṅkir taas* 'prozračnyj kamešek') | *ǰäŋkir uu* 'klares Wasser' (Pek 811 *ċäṅkir ū* 'čistaja voda') | *ǰäŋkir muostaax tuyaxtaax ïnax* 'Kuh mit durchsichtigen [wie Perlmutt glänzenden] Hörnern und Klauen (Pek 811 *ċäṅkir muostāx tujaxtāx ynax* 'korova s prozračnymi [sobstvennoe perlamutrovago bleska] rogami i kopytami').

In sekundärer Bedeutung steht *ǰäŋkir* zum einen für 'geschmolzen', und zwar bei Butter, die in geschmolzenem Zustand gleichsam durchsichtig ist (JaRS 137 *d'ėṅkir* 'toplënyj [o masle]'). Zum andern kann *ǰäŋkir* für 'rein, unvermischt' gebraucht werden (Pek 811 *ċäṅkir* 'čistyj', očiščennyj'), z.B. im Hinblick auf die Schweifhaare des Pferdes, da sie nicht mit kurzen Wollhaaren vermengt sind.

♦ *ǰäŋkir arïï* 'zerlassene Butter' (Pek 811 *ċäṅkir arȳ* 'želtoe [toplenoe] korov'e maslo') | *ǰäŋkir kïl* 'Rosshaar', wrtl.: unvermischtes Haar (Pek 811 *ċäṅkir kyl* 'čistyj xvostovoj konskij volos, bez korotkix volos').

ǰäräli — glänzend.

Beleg: Pek 813 *ċäräli* 'blestjaščij'.

♦ *ǰäräli muos saa* 'glänzender beinerner Bogen' (Pek 813 *ċäräli muos sā* 'blestjaščij kostjanoj luk').

ǰäris — hell.

Beleg: Pek 815 *ċäris* 'svetlyj'.

♦ *ǰäris mayan künnääx* 'mit einer hellen weißlichen Sonne' (Pek 815 *ċäris maġan künnǟx* 's belosvetlym solncem').

ǰäriskään — glänzend.

Beleg: Pek 815 *ċäriskǟn* 'blestjačij'.

kilär ~ **kiläbir** ~ **kiläŋ** — glänzend; < *kiläy-* 'glänzen'.

Belege: JaDW 68 *kilär* 'glänzend'; Pek 1081 *kiläbir* [ot *kiläi* + *bir*] ~ 1082 *kiläṅ* [ot *kiläi* + *ṅ*] ~ 1083 *kilär* [ot *kiläi* + *r*] 'blestjaščij'.

Nominale Weiterbildung: **kilärki** 'glänzend' (Pek 1084 *kilärki* [ot *kilär* + *ki*] 'blestjaščij').

kilärkäy — glänzend; < *kiläriy-* 'durch Glätte glänzen'.

Belege: Pek 1083 *kilärkäi* [ot *kilärii* + *käi*] 'gljancovityj, blestjaščij'; JaRS 166 *kilėrkėj* 'blestjaščij'.

♦ *kilärkäy taas tünnüktääx* 'mit glänzenden Glasfenstern' (Pek 1083 *kilärkäi tās tünnüktǟx* 's oknami iz bol'šix i blestjaščix stekol').

kiläy — glänzend.

Beleg: Pek 1082 *kiläi* 'blestjaščij'.

Möglicherweise ist *kiläy* eine nominale Weiterbildung von *kiliä* 'glänzend' (s. unten).

kilbär ~ **kilbägir** ~ **kilbäŋ** ~ **kilbäs** — glänzend, hell; < *kilbäy-* 'glänzen'.

Belege: JaDW 68 *kilbägir* 'glänzend'; Pek 1084 *kilbägir* [ot *kilbäi* + *gir*] 'blestjaščij, svetlyj' ~ 1085 *kilbäṅ* [ot *kilbäi* + *ṅ*] 'blestjaščij' ~ *kilbär* [ot *kilbäi* + *r*] 'blestjaščij' ~ 1085 *kilbäs* [ot *kilbäi* + *s*] 'blestjaščij, sverkajuščij'; JaRS 165 *kilbėgir* 'blestjaščij, s bleskom'.

♦ *kilbägir n'uur* 'eine glänzende Fläche' (JaRS 165 *kilbėgir n'uur* 'blestjaščaja poverxnost''').

kilbärkäy ~ **kilbäkäy** — glänzend; < *kilbäriy-* 'durch Glätte glänzen'.

Belege: JaDW 68 *kilbärkäi* 'glänzend, strahlend'; Pek 1084 *kilbäkäi* ~ 1085 *kilbärkäi* [ot *kilbärii* + *käi*] 'blestjaščij'; JaRS 165 *kilbėrkėj* 'gladkij i blestjaščij'.

♦ *kilbäkäy öŋnööx suol* 'glänzender Weg', wrtl.: Weg mit glänzender Farbe (Pek 1084 *kilbäkäi öṅnȫx suol* 'blestjašče-gladkaja doroga') | *kilbärkäy muus* 'glänzendes Eis' (JaRS 165 *kilbėrkėj muus* 'gladkij i blestjaščij lëd').

kilbiännääx — glänzend, leuchtend; < *kilbiän* 'Glanz'.

Belege: JaDW 68 *kilbiännāx* 'glänzend, strahlend'; Pek 1086 *kilbiännāx* [ot *kilbiän* + *lāx*] 'blestjaščij, sijajuščij'.

kiliä — glänzend; < *kiläy-* 'glänzen' (Kałużyński 1985a: 44).

Beleg: Pek 1086 *kiliä* 'blestjaščij'.

♦ *komus süünä kiliä xaya* 'ein silberner riesengroßer glänzender Berg' (Pek 1087 *kömüs sūnä kiliä xaja* 'serebrjanaja gromadnaja blestjaščaja gora').

kïlabačïgas — glänzend, glitzernd; < *kïlabačïy-* 'glänzen'.

Belege: Pek 1377 *kylabačygas* [ot *kylabačyi* + *gas*] 'blistajuščij'; JaRS 206 *kylabačygas* 'blestjaščij, sverkajuščij'.

♦ *kïlabačïgas kïhïl kömüs* 'glitzerndes Gold' (JaRS 206 *kylabačygas kyhyl kömüs* 'sverkajuščee zoloto') | *kïlabačïgas kïhïl kömüs tüülääx-öŋnööx* 'mit einer Fellfarbe wie glänzendes Gold' (Pek 1377 *kylabačygas kysyl kömüs tūlāx-öṅnōx* 's šerst'ju, kak blestjaščee zoloto – takoj masti [životnoe]').

kïlaγïr — glänzend; < *kïlay-* 'glänzen'.

Beleg: Pek 1378 *kylaġyr* [ot *kylai* + *ġyr*] 'blestjaščij'.

♦ *kïlaγïr xallaan* 'glänzender Himmel' (Pek 1378 *kylaġyr xallān* 'blestjaščee nebo').

kïlapaččïgas ~ **kïlapatčïgas** — schwach glänzend; < *kïlapaččïy-* ~ *kïlapatčïy-* 'schwach glänzen'.

Belege: Pek 1381 *kylapaččygas* ~ *kylapatčygas* [ot *kylapaččyi* ~ *kylapatčyi* + *gas*] 'izdajuščij edva zametnyj blesk'; JaRS 206 *kylapaččygas* 'slabopoblëskivajuščij'.

♦ *čaay ürdä kïlapaččïgas* 'die Oberfläche von Ziegeltee ist schwach glänzend' (Pek 1381 *čāi ürdä kylapaččygas* 'poverxnost' [kirpičnago] čaja slegka blestit').

kïlbalǯïgas — glänzend, leuchtend, glitzernd; < *kïlbalǯïy-* 'glänzen'.

Belege: Pek 1383 *kylbalċygas* [ot *kylbalċyi* + *gas*] 'blestjaščij, napr., o serebre'; JaRS 206 *kylbald'ygas* 'poblëskivajuščij, sijajuščij, sverkajuščij'.

Wie *kïlabačïgas* scheint sich auch *kïlbalǯïgas* insbesondere auf den Glanz von Metallen zu beziehen.

kïlbar ~ **kïlbaγar** ~ **kïlbaŋ** ~ **kïlbas** — glänzend, leuchtend; < *kïlbay-* 'glänzen'.

Belege: Pek 1383 *kylbaṅ* [ot *kylbai* + *ṅ*] ~ *kylbar* [ot *kylbai* + *r*] ~ 1384 *kylbas* [ot *kylbai* + *s*] 'blestjaščij'; JaRS 206 *kylbaġar* 'blestjaščij, sijajuščij'.

Ein reines oder glänzendes Weiß verbindet sich mit den Pferdefarben *kïlba mayan ~ kïlba maŋan* und *kïlbaŋ kärä* (s. 2.2.1).

kïlbaraŋ ~ kïlbarxay ~ kïlbarïmaan — glänzend, leuchtend, glitzernd, rein; < *kïlbarïy-* 'glänzen'.

Belege: Pek 1383 *kylbarań* [ot *kylbaryi + ań*] 'blestjaščij, čistyj' ~ 1384 *kylbarymān* [ot *kylbaryi + mān*] 'blestjaščij'; JaRS 206 *kylbarxaj* 'blestjaščij, sijajuščij, sverkajuščij'.

♦ *kïlbarxay xaar* '[in der Sonne] glitzernder Schnee' (JaRS 206 *kylbarxaj xaar* 'sverkajuščij [na solnce] sneg').

kïrtas — glänzend; < *kïrtay-* 'glänzen'.

Beleg: Pek 1420 *kyrtas* [ot *kyrtai + s*] 'blestjaščij'.

♦ *kïrtas xallaan* 'glänzender Himmel' (Pek 1420 *kyrtas xallān* 'blestjaščee nebo').

kündä — glänzend, leuchtend.

Beleg: Pek 1297 *kündä* 'blestjaščij, sijajuščij'.

Verbale Weiterbildung: **kündäär-** '(hell) leuchten, glitzern' (Pek 1298 *kündār-* [ot *kündä + r*] 'svetit', sverkat''; JaRS 198 *kündėėr-* 'jarko sijat, sverkat').

♦ *kündä küöl* 'glänzender See' (Pek 1297 *kündä küöl* 'blestjaščee ozero') | *kündä mayan köyülläx* '[Stute] mit glänzendem weißem Stirnhaar' (Pek 1297 *kündä maġan köġülläx* 's blestjašče beloj čolkoj [kobyla]'.

Pekarskij verweist von *kündä* auf *kün* 'Sonne'; dieser Zusammenhang dürfte auch für alle folgenden mit *kün* gebildeten und möglicherweise von *kündä* abgeleiteten Begriffe gelten, denn sie geben die unterschiedliche Lichtausstrahlung der Sonne wieder.

kündäl — glänzend, hell.

Beleg: Pek 1297 *kündäl* 'blestjaščij, svetlyj'.

Nominale Weiterbildung: **kündäli** 'hell' (Pek 1298 *kündäli* 'svetlyj').

♦ *kündäl kömüs ostuol* 'glänzender silberner Tisch [ähnlich dem Eis von der glatten Oberfläche eines Sees]' (Pek 1297 *kündäl kömüs ostuol* 'blestjaščij serebrjanyj stol [podobno l'du s rovnago gladkago ozera]') | *kündäl at* 'helles Pferd' (Pek 1297 *kündäl at* 'svetlaja lošad'').

kündäläs — hell leuchtend, hell glitzernd.

Belege: Pek 1297 *kündäläs* 'sverkajuščij'; JaRS 198 *kündėlės* 'jarko sijajuščij, sverkajuščij'.

♦ *kündäläs kün* ‘hell leuchtende Sonne’ (JaRs 198 *kündėlės kün* ‘jarko sijajuščee solnce’).

kündär — hell.

Beleg: Pek 1298 *kündär* ‘svetlyj’.

♦ *kündär maŋan küüläläx* ‘mit hellen weißen Hausfluren’ (Pek 1298 *kündär mańan kūlälāx* ‘so svetlymi belymi senjami’).

kündärkäy — hell, leuchtend, blendend; < *kündäär-* ‘(hell) leuchten, glitzern’

Beleg: JaRS 198 *kündėėrkėj* ‘jarkij, sijajuščij, oslepitel'nyj (o solnce, svete)’.

kündül — glänzend, hell, rein.

Belege: Pek 1299 *kündül* ‘blestjaščij’; Jak 94 *kündül* ‘rein, hell’.

♦ *kündül xallaan* ‘heller Himmel’ (JaRS 198 *kündül xallaan* ‘svetloe nebo’) | *kündül kömüs kürüöläx* ‘mit einer Umzäunung aus glänzendem Silber’ (Pek 1299 *kündül kömüs kürüölāx* ‘ s zagorod'ju iz blestjaščago serebra’).

kündüläs — sehr hell.

Beleg: Pek 1300 *kündüläs* ‘očen' svetlyj’.

malarxay ~ **manarxay** — bleichgesichtig, blass; < *malarïy-* ‘ein hässlich breites Gesicht haben (bei zurückgeworfenem Kopf)’.

Belege: Pek 1510 *malarxay* [ot *malaryi* + *xay*] ~ 1514 *manarxay* ‘blednolikij, neopredelennyj cvet lica’.

maŋxal — hell; < *maŋxay-* ‘verbleichen’.

Beleg: Pek 1525 *mańxal* [ot *mańxai* + *l*] ‘svetlyj’.

munaarxay — bleichgesichtig, blass.

Beleg: Pek 1621 *munārxay* ‘bledno-likij, neopredelennyj cvet lica’.

Pekarskij stellt *munaarxay* mit *mala[ā]rxay* ~ *mana[ā]rxay* (s. oben) gleich.

n'ïlaban ~ **n'ïlaman** ~ **n'ïmalaŋ** — glänzend; < *n'ïlay-* ‘eine glatte Fläche bilden’.

Belege: Pek 1742 *njylaban* [ot *njylai* + *ban*] ‘blestjaščij’ ~ 1746 *njymalań* ‘blestjaščij (na lice)’; JaRS 263 *n'ylaman* ‘čistyj, blestjaščij’.

sandaγalaax ~ **sardaŋalaax** — glänzend, hell, leuchtend; < *sandaγa* ~ *sardaŋa* ‘Leuchten, Glanz’.

Belege: Pek 2075 *sandaġalāx* [ot *sandaġa* + *lāx*] ‘lučezarnyj, ispuskajuščij blestjaščij svet’ ~ 2105 *sardańalāx* [ot *sardańa* + *lāx*] ‘jasnyj, jarkij, sijajuščij, blestjaščij’.

♦ *sandaγalaax maγan xallaan* 'leuchtendweißer Himmel' (Pek 2075 *sandaġalāx maġan xallān* 'lučezarnoe beloe nebo') | *sandaγalaax kustuk* 'glänzender Pfeil' (Pek 2076 *sandaġalāx kustuk* 'blestjaščij strela') | *sardaŋalaax čančïktaax* '[Frau] mit glänzenden Schläfen' (Pek 2106 *sardaṅalāx čančyktāx* 's sijajuščimi viskami [ženščina]').

sandal — hell, leuchtend.

Belege: Pek 2076 *sandal* 'lučezarnyj'; JaRS 315 *sandal* 'lučezarnyj'; Jak 133 *sandal* 'hell (Schein).

Nominale Weiterbildung: **sandalï** 'hell, glänzend' (Pek 2076 *sandaly* [ot *sandal* + *y*] 'svetlyj, sijajuščij').

♦ *sandal sayïn* 'leuchtender Sommer' (JaRS 317 *sandal sajyn* 'lučezarnoe leto') | *sandalï bastaax balïk* 'Fisch mit einem glänzenden Kopf' (Pek 2076 *sandaly bastāx balyk* 'ryba s svetloj golovoj').

sandarï — hell, glänzend; < *sandar* 'heller Schein'.

Beleg: Pek 2078 *sandary* [ot *sandar* + *y*] 'svetlyj, sijajuščij'.

♦ *sandarï taas tünnüktää x* '[Haus] mit glänzenden Glasfenstern' (Pek 2078 *sandary tās tünnüktāx* '[dom] s oknami iz svetlago stekla') | *sandarï maŋan ox* 'glänzendheller Pfeil' (Pek 2078 *sandary maṅan ox* 'sijajuščaja belaja strela').

sandïl — leuchtend (beim Himmel).

Beleg: Pek 2078 *sandyl* 'lučezarnyj (nebo)'.

Wie die folgenden Beispiele zeigen, wird *sandïl* nicht nur auf den Himmel angewendet; *sandïl* ist offenbar eine Variante von *sandal* (s. oben), da es sich auf dieselben Objekte beziehen lässt.

♦ *ayïï sandïl sabaan sayïn* 'hell leuchtender immerwährender Sommer' (Pek 2078 *ajȳ sandyl sabān sajyn* 'vsegdašnee svetlo-lučezarnoe leto') | *altan sandïl kiliä xaya* 'wie Kupfer leuchtender, glänzender Berg' (Pek 2078 *altan sandyl kiliä xaja* 'mednosvetlaja blestjaščaja gora').

sïrdïk — hell, leuchtend; < *sïrdaa-* oder *sïrdïy-* 'leuchten'.

Belege: JaDW 164 *syrdyk* 'hell, leuchtend'; Pek 2484 *syrdyk* [ot *syrdaa* + *yk* oder *syrdyi* + *k*] 'izdajuščij svet, svetovidnyj, svetlyj, jasnyj'; JaRS 361 *syrdyk* 'svetlyj'.

Nominale Weiterbildung: **sïrdïktïŋï** 'leicht aufgehellt' (Pek 2484 *syrdyktyṅy* [ot *syrdyk* + *tyṅy*] 'svetlovatyj'; JaRS 381 *syrdyktyṅy* 'svetlovatyj').

♦ *sïrdïk öŋ* 'helle Farbe' (JaRS 361 *syrdyk öṅ* 'svetlyj cvet') | *sïrdïk xos* 'gute Stube', wrtl.: helles Zimmer (JaRS 361 *syrdyk xos* 'svetlaja komnata') | *sïrdïk tüün* 'helle Nacht' (JaRS 417 *syrdyk tüün* 'svetlaja noč'') | *sïrdïktïŋï öŋ* 'leicht aufgehellte Farbe' (JaRS 361 *syrdyktyṅy öṅ* 'svetlovatyj cvet').

Eine hellere Nuance der Grundfarbe vermitteln die Pferdefarben *sïrdïk araγas*, *sïrdïk köγöččör*, *sïrdïk ulaan*, *sïrdïktïŋï köγöččör* (s. 2.2.1). In übertragener Bedeutung kennzeichnet *sïrdïk* ein glanzvolles Ereignis oder seelische Heiterkeit.

♦ *sïrdïk kün* 'glorreicher Tag', wrtl.: leuchtender Tag (Pek 2484 *syrdyk kün* 'slavnyj den'') | *sïrdïk olox* 'glückseliges Leben', wrtl.: helles Leben (Pek 2484 *syrdyk olox* 'blažennaja žizn'') | *sïrdïk duuha* 'Frohnatur', wrtl.: helle Seele (Pek 2484 *syrdyk dūsa* 'svetlaja duša').

tunalγannaax — glänzend, hell, leuchtend; < *tunalγan* 'Glanz'.

Belege: Pek 2814 *tunalġannāx* [ot *tunalġan* + *lāx*] 'jasnyj, blestjaščij'; JaRS 401 *tunalġannaax* 'jasnyj, svetlyj'.

♦ *tunalγannaax n'uurdaax* 'mit glänzendem Gesicht' (JaRS 262 *tunalġannaax n'uurdaax* 's sijajuščim licom') | *xallaan tunalγannaax tuonata* 'leuchtender Mittelpunkt des Himmels' (Pek 2814 *xallān tunalġannāx tuonata* 'lučezarnoe sredotočie neba') | *tunalγannaax xolumtannaax* '[Herd] mit hellem Unterbau' (Pek 2814 *tunalġannāx xolumtannāx* 's svetlym šestkom [komelek]').

tunalï — glänzend hell.

Beleg: Pek 2814 *tunaly* [ot *tunal* + *y*] 'belyj (blednyj) s bleskom'.

Das Wort *tunalï* hängt mit *tunal* zusammen; *tunal* ist nur in *tunal ïhïax* 'herrliches Kumyssfest' (Pek 2814 *tunal ysyax* 'bogatyj kumysnyj pir') sowie in *maŋan tunal (xotun)* 'Beiname eines weiblichen Hausgeistes' (Pek 2814 *maṅan tunal [xotun]* 'ėpitet duxa xozjaina doma') belegt.

1.3 Bezeichnungen für 'rot'

1.3.1 Generell gebrauchte Bezeichnungen für 'rot'

Die Vermutung von Doerfer (1995: 215), dass im Türkischen die Helligkeitsstufen einer Farbe terminologisch a priori stärker differenziert werden, scheint im Jakutischen zumindest bei *kïhïl* nicht zuzutreffen. Dies lässt sich insbesondere an Tier- und Pflanzennamen aufzeigen, in denen *kïhïl* als Bestimmungselement fungiert und für hell- bis dunkelrote Tönungen steht. Um eine Abstufung eindeutig festzulegen, wird *kïhïl* attributiv ergänzt; speziell gebrauchte Ausdrücke für rote Nuancen lassen sich vorwiegend auf bestimmte Gegenstände anwenden (s. 1.3.2).

kïhïl — rot, hochrot, rotbraun.

Belege: JaDW 66 *kysyl* 'roth'; Pek 1437 *kysyl* 'krasnyj, alyj'; JaRS 213 *kyhyl* 'krasnyj, alyj'; DSJaJa 139 Abyj., V-Kol. *kyhyl* 'ryžij – o masti korovy, lošadi'.

Nominale Weiterbildungen: **kïhïlïmtïa** 'rötlich, rötlichbraun' (JaDW 66 *kysylymtya* 'röthlich'; Pek 1438 *kysylymtya* [ot *kysyl* + *ymtya*] 'krasnovatyj, krasnejuščij, ryževatyj'), **kïhïllïŋï** 'rötlich, hochrot, purpurrot' (Pek 1438 *kysyllyńy* [ot *kysyl* + *tyńy*] 'krasnovatyj, alyj, rumjanyj'; JaRS 213 *kyhyllyńy* 'krasnovatyj').

Verbale Weiterbildung: **kïhïllaa-** 'rote Farbe hinzugeben' (JaRS 213 *kyhyllaa-* 'pridavat' krasnyj cvet').

Steigerungsform: **kïp kïhïl** 'ganz rot' (Pek 1402 *kyp kysyl* 'prekrasnyj, očen' krasnyj').

a) Anwendung in eigentlicher Bedeutung

Mit *kïhïl* wird jedes beliebige Objekt als rot bezeichnet (s. Laude-Cirtautas 1961: 50–56 s.v. *qïzïl*); für eine rote oder rosige Färbung der Wangen benutzt man aber meist besondere Benennungen (s. 1.3.2).

♦ *kïhïl kömüs* 'Gold', wrtl.: rotes Silber (Pek 1437 *kysyl kömüs* 'zoloto') | *kïhïl uot* 'rotes Feuer' (Pek 1437 *kysyl uot* 'krasnyj ogon'') | *kïhïl kumax* 'Erdreich', wrtl.: roter Sand (Pek 1214 *kysyl kumax* 'krasnyj pesok [kak nazvanie počvy]') | *kïhïl tuoy* 'roter Lehm' (JaRS 402 *kyhyl tuoj* 'krasnaja glina') | *kïhïl xaan* 'rotes Blut' (Pek 1437 *kysyl xān* 'alaja krov'') | *kïhïl iŋnääx* 'rotwangig' (Pek 950 *kysyl ińnǟx* 'rumjanyj, krasnoščekij') | *kïhïl käm* 'Muttermal', wrtl.: rotes Mal (Pek 1025 *kysyl käm* 'rodimoe pjatno') | *kïhïl bïlït* 'rote Wolke' (Pek 1437 *kysyl bylyt* 'krasnoe oblako') | *kïhïl bïlaax* 'rote Flagge' (JaRS 213 *kyhyl bylaax* 'krasnyj flag') | *kïhïl arïgï* 'roter Wein' (JaRS 47 *kyhyl arygy* 'krasnoe vino') | *kïhïl ïy* 'September', wrtl.: roter Monat (DSJaJa 139 All. *kyhyl yj* 'sentjabr'').

In Verbindung mit einem Helligkeitsbegriff oder einem Farbadjektiv sowie durch ein Vergleichsobjekt gibt *kïhïl* ein nuanciertes Rot wieder: **xaraŋa kïhïl** 'dunkelrot' (JaDW *xarańa kysyl* 'dunkelroth'; Pek 3340 *xarańa kysyl* 'temnokrasnyj'; JaRS 483 *xarańa kyhyl* 'tëmno-krasnyj'), **sïrdïk kïhïl** 'hellrot, rosarot' (Pek 2484 *syrdyk kysyl* 'rozovyj'), **sïtïï kïhïl** 'grellrot, hellrot' (Pek 2504 *sytȳ kysyl* 'jarkokrasnyj'), **karmahïïn kïhïl** 'karmesinrot, hellrot' (JaDW 51 *karmasyn kysyl* 'carmoisinroth'; Pek 997 *karmasȳn kysyl* 'jarkokrasnyj'), **siäräy kïhïl** 'graurot' (Pek 2192 *siäräi kysyl* 'serokrasnyj'), **xaan kïhïl** 'blutrot' (Pek 1437 *xān kysyl* 'krasnyj, kak krov', alyj'; JaRS 466 *xaan kyhyl* 'krovavo-krasnyj') und **uot kïhïl** 'feuerrot, flammendrot' (JaRS 213 *uot kyhyl* 'ognenno-krasnyj').

b) kïhïl in Tiernamen

Bei Tieren erfasst *kïhïl* die Farbe von Fell und Gefieder oder einem bestimmten Körperteil. Der Rotfuchs hat einen gelbroten Pelz; ein Renkalb wird mit einem rotbraunen Fell geboren. Der Bindenkreuzschnabel ist vorwiegend himbeerrot gefärbt, die Schwimmfüße des Stockentenerpels sind gelbrot, und die Plötze fällt durch ihre orangefarbene Iris auf.

♦ *kïhïl sahïl* 'Rotfuchs' (JaRS 318 *kyhyl sahyl* 'krasnaja lisa') | *kïhïl tugut* 'neugeborenes Renkalb', wrtl.: rotes Renkalb (DSJaJa 139 Gorn. *kyhyl tugut* 'novoroždennyj olenenok') | *kïhïl ïmïï* 'Bindenkreuzschnabel', wrtl.: roter Kreuzschnabel (Pek 3793 *kysyl ymȳ* 'Loxia bifasciata') | *kıhïl atax köyön* 'Stockentenerpel', wrtl.: Rotfußerpel (Pek 1123 *kysyl atax köġön* 'selezen'-krjakva') | *kïhïl xarax* 'Plötze', wrtl.: rotes Auge (Pek 1437 *kysyl xarax* 'ryba Rutilus rutilus, soroga').

Die Pferdefarben *kïhïl ala* und *kïhïl čuoyur* (s. 2.2.1) betreffen ein rotbraunes Fell mit Scheckung.

c) kïhïl in Pflanzennamen

Im Hinblick auf Gewächse bezieht sich *kïhïl* auf Rinde, Frucht und Blüte oder auf den Hut eines Pilzes. Als leuchtendrot kennzeichnet *kïhïl* die Zweige des Hartriegels sowie Johannis- und Preiselbeeren. Bei dem Blütenköpfchen des Wiesenknopfs zeigt *kïhïl* eine dunkelpurpurne, bei der Rispe der Straußgras-Art Agrostis trinii eine violettpurpurne, bei der Ähre der Süßgras-Spezies Roegneria eine purpurne Tönung an. Der Edelreizker hat einen ockerfarbenen und die Rotkappe einen orangeroten Hut.

♦ *kïhïl talax* 'Hartriegel', wrtl.: rote Weide (Pek 1437 *kysyl talax* 'vid dërena, krasnoe derevo, Cornus sibirica') | *kïhïl as* 'rote Johannisbeere', wrtl.: rote Beere (DSJaJa 139 Abyj. *kyhyl as* 'krasnaja smorodina') | *kïhïl oton* 'Preiselbeere', wrtl.: rote Beere (Pek 1437 *kysyl oton* 'brusnika') | *kïhïl töbö* 'Wiesenknopf', wrtl.: roter Kopf (DSJaJa 378 Sunt. *kyhyl töbö* 'krovoxlëbka lekarstvennaja') | *kïhïl bättiämä* 'eine Straußgras-Art, Agrostis trinii', wrtl.: roter *bättiämä* (DSJaJa 378 V-Vil. *kyhyl bėttiėmė* 'polevica') | *kïhïl bïalïk* 'eine Süßgras-Art, Roegneria', wrtl.: roter *bïalïk* (DSJaJa 378 V-Vil. *kyhyl byalyk* 'regnerija') | *kïhïl kunaax* 'Edelreizker', wrtl.: roter Pilz (Pek 1216 *kysyl kunāx* 'ryžik') | *kïhïl tälläy* 'Rotkappe', wrtl.: roter Pilz (RJaS 439 *kyhyl tėllėj* 'podosinovik').

1.3.2 Speziell gebrauchte Bezeichnungen für 'rot'

Benennungen dieser Art vertreten eine besondere rote Nuance und sind vornehmlich objektgebunden. Bei Begriffen, die eine mehr oder weniger intensive Wangenrötung festhalten, handelt es sich häufig um Derivate von Verben im Sinne von 'sich röten, erröten, rot schimmern'.

aalay — hochrot, hellrot; < r. *alyj* 'hochrot' (Kałużyński 1978a: 9).

Belege: JaRS 24 *aalaj* 'alyj, jarko-krasnyj'; Jak 17 *aalay* 'hochrot, blutrot'.

Das Farbadjektiv *aalay* leitet sich über r. *alyj* von gemeintürkisch *al* her; *al* erfasst eine ähnliche, meist nur auf bestimmte Gegenstände beziehbare hellrote Tönung wie *aalay* (s. Laude-Cirtautas 1961: 56–58 s.v. *al* und Vasmer 1953: 14 s.v. *alyj*). Mit *aalay* wird ein leuchtendes Rot bezeichnet, dessen Anwendung sich anscheinend auf Objekte beschränkt, die einen natürlichen Glanz haben. In sekundärer Bedeutung kann *aalay solko* daher den seidigen Schimmer von Haaren beschreiben (Pek 64 *ālai solko* 'šelkovistyj-čudnyj [o volosax]').

♦ *aalay solko* 'rote Seide' (Pek 64 *ālai solko* 'alyj šelk') | *aalay xampa* 'roter Samt' (JaRS 477 *aalaj xampa* 'alyj barxat') | *aalay sarïal* 'Morgenrot', wrtl.: roter Abglanz (JaRS 24 *aalaj saryal* 'alaja zarja, alyj otblesk zari').

borduobay — dunkelrot, bordeauxrot (bei Geweben); < r. *bordovyj* 'bordeauxrot'.

Belege: Pek 500 *borduobai* [russk. *bordovyj*] 'temnokrasnago cveta (o sitce, bumazee i dr. tkanjax)'; JaRS 75 *borduobaj* 'bordovyj'.

♦ *borduobay ǰühünnääx taŋas* 'Stoff von bordeauxroter Farbe' (JaRS 75 *borduobaj d'ühünnėėx taṅas* 'bordovaja tkan'').

imnääx ~ **iŋnääx** — rotwangig, gerötet, rosarot, rosig; < *im* ~ *iŋ* 'Wangenröte'.

Belege: JaDW 35 *iṅnäx* 'rothbackig'; Pek 937 *imnǟx* [ot *im* + *lǟx*] 'rumjanyj' ~ 949 *iṅnǟx* [ot *iṅ* + *lǟx*] 'rumjanyj, krasnoščekij'; JaRS 153 *iṅnėėx* 'rumjanyj, rozovyj'.

♦ *iŋnääx kihi* 'rotwangiger, gesund aussehender Mensch' (Pek 949 *iṅnǟx kisi* 'rumjanyj, zdorovyj čelovek') *iŋnääx kïïs* 'rotwangiges Mädchen' (JaRS 153 *iṅnėėx kyys* 'rumjanaja devuška').

kätäykään — rosarot, rosig; vgl. *kätär-* 'sich röten'.

Beleg: Pek 1066 *kätäikǟn* 'rozovyj'.

♦ *kätäykään imnääx* 'mit rosigen Wangen' (DSJaJa 147 *kėtėjkėėn imnėėx* 's rozovymi ščekami').

kïtarxay ~ **kïtaxay** ~ **kïtaxxay** — gerötet, rot; < *kïtar-* 'sich röten, erröten, rot schimmern'.

Belege: JaDW 61 *kytarxai* 'roth'; Pek 1444 *kytarxai* [ot *kytar* + *xai*] ~ 1445 *kytaxai* ~ 1446 *kytaxxai* 'krasnyj, rumjanyj'; JaRS 214 *kytarxaj* 'kažuščijsja krasnym, rumjanym'.

Nominale Weiterbildung: **kïtarxaydïŋï** 'rötlich' (JaDW 61 *kytarxaidyṅy* 'röthlich'; Pek 1444 *kytarxaidyṅy* [ot *kytarxai* + *dyṅy*] 'krasnovatyj'; JaRS 214 *kytarxajdyṅy* 'kažuščijsja krasnovatym, rumjanym').

kïtarïmsïa ~ **kïtarïmtïa** — rötlich; < *kïtar-* 'sich röten, erröten, rot schimmern'.

Belege: JaDW 61 *kytarymsya* 'röthlich'; Pek 1444 *kytarymsya* ~ *kytarymtya* [ot *kytar* + *ymsya/ymtya*] 'krasnovatyj'.

soho — rot wie Ocker.

Belege: Pek 2289 *soso* 'rod krasnoj ili cvetnoj oxry, kraska'; Jak 143 *soho* 'dunkelrote Farbe, roter Lehm, der als Farbe verwendet wird, (folkl.) rot, wie *soho*'.

Nominale Weiterbildung: **soholoox** 'mit Ocker bemalt' (Pek 2289 *sosolōx* [ot *soso* + *lāx*] 'raspisannyj kamnem *soso*, okrašennyj oxroj, raskrašennyj').

Pekarskij vermerkt *soho* nur als Benennung für Ocker, ein zum Rotfärben benutztes gelbes bis rotes Mineralgemenge; das von ihm angeführte Beispiel zeigt aber, dass *soho* zudem ein Farbadjektiv ist, mit dem ein Objekt insgesamt als rot wie Ocker gekennzeichnet werden kann. In diesem Sinne versteht sich auch die Pferdefarbe *soho čuoɣur* 'rötlichbraun mit Apfelbildungen auf der Kruppe' (s. 2.2.1).

♦ *soho bïlït* 'ockerrote Wolke' (Pek 2290 *soso bylyt* 'krasnoe, oxrjanoe oblako') | *soho ïmïnax* 'Gürtelrose', wrtl.: ockerrote Pickel (DSJaJa 212 Am. *soho ymynax* 'syp' na pojasnice ili grudi, opojasyvajuščij lišaj').

Mit *soholoox* beschreibt man ein Objekt, wenn es lediglich an einer bestimmten Stelle ockerfarben ist; der Lenok hat gelbrot getönte Seiten und die Plötze orangerote Flossen.

♦ *soholoox* 'Lenok' (Pek 2290 *sosolōx* 'lenok') | *soholoox* 'Plötze' (DSJaJa 212 Ojm. *soholoox* 'sibirskaja plotva').

täbirbik — purpurrot.

Beleg: Pek 2613 *täbirbik* 'rumjanyj'.

tätäɣärkään ~ **tätärkään** — hellrot, rosarot; vgl. *tätär-* 'sich röten, erröten, rot schimmern'

Belege: Pek 2651 *tätäġärkān* 'jarkokrasnyj' ~ *tätärkān* 'rozovyj'.

tätärkäy ~ **tätäkäy** — gerötet, hellrot, rosarot; < *tätär-* 'sich röten, erröten, rot schimmern'.

Belege: Pek 2651 *tätäkäi* [iz *tätäkkäi* = *tätärkäi*] 'rozovyj' ~ *tätärkäi* [ot *tätär* + *käi*] 'rumjanyj, jarkokrasnyj'; JaRS 429 *tėtėrkėj* 'jarko-krasnyj, rumjanyj'.

♦ *tätäkäy oɣuruo* 'rosarote Glasperlen' (Pek 2651 *tätäkäi oġuruo* 'rozovyja busy') | *tätärkäy imnääx kïïs* 'Mädchen mit hellroten Wangen' (JaRS 429 *tėtėrkėj imnėėx kyys* 'devuška s rumjanymi ščekami') | *tätärkäy sibäkkilär* 'hellrote Blumen' (JaRS 429 *tėtėrkėj sibėkkilėr* 'jarko-krasnye cvety').

1.4 Bezeichnungen für ‘gelb’

1.4.1 Generell gebrauchte Bezeichnungen für ‘gelb’

Als zusammenfassende Benennung deckt *arayas* diverse Gelbtönungen ab, kann aber zudem für Rötlichbraun und Rotbraun stehen, d.h., dass solche Schattierungen offenbar als Abstufungen von Gelb betrachtet werden. Diese Sicht beruht möglicherweise auf einer Naturbeobachtung – der Verfärbung des Laubes von Gelb nach Rötlichbraun. Sie ist aber auch an sich stimmig, da Braun eine dunkle Körperfarbe mit rötlichgelbem Farbton ist. Zu besonderen Bezeichnungen für rötlichbraune Nuancen s. 1.6.

araγas — gelb, hellgelb, gelblich, strohgelb, golden schimmernd, rötlich, rötlichbraun, rotbraun, hellblond.

Belege: JaDW 8 *araġas* ‘gelb, goldgelb’; Pek 127 *araġas* ‘želtyj, želtovatyj, palevyj, zolotistyj, ryžij, krasnyj, ryževatyj’; JaRS 44 *araġas* ‘svetlo-žëltyj, krasnovatyj’; DSJaJa 49 Tatt. *araġas* ‘ryžij – o masti lošadi, korovy’; Jak 24 *arayas* ‘gelb’.

Nominale Weiterbildungen: **araγastay** ‘gelb, rotbraun’ (Pek 128 *araġastai* [ot *araġas* s tem že značeniem] ‘želtyj, ryžij’), **araγastïŋï** ‘gelblich, rötlichbraun, rötlich’ (Pek 128 *araġastyṅy* [ot *araġas*] ‘želtovatyj, ryževatyj, krasnovatyj’).

Verbale Weiterbildung: **araγastïy-** ‘einen gelben oder rötlichen Schimmer bekommen, eine strohgelbe Farbe annehmen, rotbraun oder rötlich werden’ (Pek 128 *araġastyi-* [ot *araġas*] ‘želtet', ryžet', prinimat' palevyj cvet’; JaRS 44 *araġastyi-* ‘želtet', byt' ryžim, byt' krasnovatym’).

Pekarskij vermutet, dass sich *arayas* aus gemeintürkisch *sarïy* ‘gelb’ + jakutisch *aas* ‘weiß, gelblichweiß’ zusammensetzt; vgl. aber kirgisisch *sarïyïč* [< *sarï* ‘gelb’ + *-yïč*] ‘gelblich’. Wie *sarïy*, das neben ‘gelb’ auch die Abstufungen ‘blass, bleich, blond’ vertritt (s. Laude-Cirtautas 1961: 64–68 s.v. *sarïy*), kann *arayas* auf jeden beliebigen Gegenstand bezogen werden. Ebenso hat *arayas* eine Tendenz nach hellen Tönungen, denn es bezeichnet selten ein intensives Gelb; dem entspricht, dass sich keine Steigerungsformen nachweisen lassen. Goldgelbe bis rotgelbe Schattierungen werden im Allgemeinen mit speziell gebrauchten Begriffen erfasst (s. 1.4.2); Eine Anwendung in übertragener Bedeutung wie bei *sarïy*, das zudem als Farbe des Leides fungiert, ist für *arayas* nicht belegbar.

♦ *arayas arïï* ~ *arayastay arïï* ‘Rahmbutter’, wrtl.: gelbe Butter (JaRS 44 *araġas aryy*; Pek 128 *araġastai arȳ* ‘žëltoe maslo’ | *arayas kuba* ‘gelblicher [d.h. eingefetteter] Schwan’ (Pek 1186 *araġas kuba* ‘želtyj lebed' [u očen' žirnago lebedja per'ja, ne pux, delajutsja želtymi, i on kažetsja želtovatym]’) | *arayas kömüs* ‘Gold’, wrtl.: gelbes Silber (Pek 127 *araġas kömüs* ‘zoloto’) | *arayas oyuruo* ‘gelbe Glasperlen’ (Pek 1786 *araġas oġuruo* ‘želtyja busy’) | *arayas kihi* ‘hellblonder Mensch’ (Pek 127 *araġas kisi* ‘belokuryj’).

Bei Pferden kennzeichnet *arayas* ein rötlichbraunes oder gelbliches Fell, beim Dachpippau rötlichgelbe Blüten und beim Edelreizker einen ockerfarbenen Hut. Unter den Pferdefarben geben *altan arayas*, *kïday arayas*, *küdän arayas*, *ürüŋ arayas* sowie *arayas mayaas* eine rotbraune, *sïrdïk arayas* und *tuos arayas* eine gelbe Tönung wieder (s. 2.2.1); die Rinderfarbe *kuba arayas* (s. 2.3.1) dürfte ein verschossenes Rotbraun anzeigen.

♦ *arayas at* 'rotbraunes Pferd' (Pek 127 *araġas at* 'ryžaja lošad'') | *arayastay atïïr sïlgï* 'rotbrauner Hengst' (Pek 128 *araġastai atȳr sylgy* 'ryžyj žerebec') | *arayas ot* 'Dachpippau', wrtl.: gelbes Kraut (DSJaJa 375 V-Vil. *araġas ot* 'skerda krovel'-naja') | *arayas tälläy* 'Edelreizker', wrtl.: rötlichbrauner Pilz (JaRS 44 *araġas tėllėj* 'ryžik') |

Eine besondere gelbe Nuance ist **uohax arayas** (Pek 3049 *uosax araġas* 'želtyj'); es handelt sich wahscheinlich um ein milchiges Gelb, da mit *uohax* die dickflüssige gelbe Biestmilch benannt wird, die eine Kuh in den ersten drei Tagen nach dem Kalben abgibt (Pek 3048 *uosax* 'molozivo').

♦ *uohax arayas oyuruo* 'gelbliche Glasperlen', wrtl.: Glasperlen so gelb wie Biestmilch (Pek 3049 *uosax araġas oġuruo* 'želtyja busy').

suoltay — gelb; < r. *želtyj* 'gelb'.

Beleg: Pek 2345 *suoltai* [russk.] 'želtyj'.

Nominale Weiterbildung: **suoltaydaax** 'mit Gelb' (Pek 2345 *suoltaidāx* [ot *suoltai* + *lāx*] 's želtiznoju').

♦ *suoltay suolka* 'gelbe Seide' (Pek 2345 *suoltai suolka* 'želtyj šelk').

Der Ausdruck *suoltay* vertritt ein durchgängiges Gelb, während *suoltaydaax* sich nur auf bestimmte Partien bezieht; vgl. die Pferdefarbe *suodaydaax siälläáx* (s. 2.2.1). Im Gegensatz zu *arayas* schließt *suoltay* keine rötlich- oder rotbraunen, sondern nur gelbe Schattierungen ein; der Nonnenkranich hat rotgelbe Beine.

♦ *suoltaydaax sonnoox ǰaxtar kihi* 'Frau in einem Kaftan mit gelbem Einsatz' (Pek 2345 *suoltaidāx sonnōx čaxtar kisi* 'ženščina v kaftane s želtymi vstavkami') | *suoltaydaax sotoloox* 'mit (rot)gelben Unterschenkeln [beim Nonnenkranich]' (Pek 2345 *suoltaidāx sotolōx* 'goleni u nego [sterxa] s želtiznoju').

1.4.2 Speziell gebrauchte Bezeichnungen für 'gelb'

Die im Folgenden angeführten Benennungen erfassen besondere Gelbtöne, die vornehmlich objektgebunden sind.

altan — kupfergelb.

Belege: Pek 82 *altan* 'mednyj, medno-želtyj'; JaRS 39 *altan* 'mednyj, medno-žëltyj'.

Gemeintürkisch ist *altïn* eine Bezeichnung für Gold; die Jakuten gebrauchen *altan* jedoch für Kupfer und *kïhïl kömüs* oder *arayas kömüs* für Gold. In der Folklore kann *altan* aber 'golden' bedeuten wie z.B. bei *altan tüöstääx* '[Vogeljunges] mit goldener Brust' (Pek 82 *altan tüöstā̈x* 'zlato-grudyj [ptenčik]'). Auch im Zusammenhang mit Tier- und Pflanzennamen wird *altan* als ein Attribut verwendet, das goldgelbe bzw. rotgelbe Nuancen aufzeigt. Bei Tierbenennungen bezieht sich *altan* auf die Färbung bestimmter Körperteile; um das Auge der Zwergblässgans verläuft ein gelber Ring, die Reiherente hat eine gelbe und die Plötze eine orangefarbene Iris.

♦ *altan xarax* 'Zwergblässgans', wrtl.: kupfergelbes Auge (JaRS 468 *altan xarax* 'malyj belolobyj gus'-piskunec') | *altan xarax* 'Reiherente' (DSJaJa 44 U-Jan. *altan xarax* 'černet' xoxlataja') | *altan xarax* 'Plötze' (DSJaJa 44 Bul. *altan xarax* 'sibirskaja plotva').

Als Bestandteil eines Pflanzennamens verweist *altan* generell auf die goldgelbe oder rotgelbe Farbe der Blüte.

♦ *altan ot* 'kupfergelbe Feldblumen', wrtl.: kupfergelbe Kräuter (JaRS 39 *altan ot* 'rod polevyx cvetov s medno-žëltoj golovkoj') | *altan ärbähin* 'Kreuzkraut', wrtl.: kupfergelbes Kraut (DSJaJa 375 Tatt. *altan ėrbėhin* 'krestovnik ėrukolistnyj') | *altan bas* 'Hahnenfuß', wrtl.: kupfergelber Kopf (DSJaJa 374 Njurb. *altan bas* 'ljutik severnyj') | *altan čopčulaax ärbähin* 'Löwenzahn', wrtl.: Kraut mit kupfergelben Knöpfen (DSJaJa 375 Tatt. *altan čopčulaax ėrbėhin* 'oduvančik') | *altan töbö* 'Dachpippau', wrtl.: kupfergelber Kopf (DSJaJa 375 V-Vil. *altan töbö* 'skerda krovel'naja') | *altan töbölööx ot* 'Trollblume', wrtl.: Kraut mit kupfergelben Köpfen (Pek 82 *altan töbölō̈x ot* 'prikryt, žarkoj cvet').

arïlïa — buttergelb; vgl. *arïlïy-* 'gelb werden, gelb schimmern'.

Beleg: Pek 158 *arylya* 'poxožij cvetom na maslo'.

xagdan ~ xagdaŋ ~ xaγdan ~ xaγdaŋ ~ xakdaŋ ~ xaldan ~ xaldaŋ ~ xaŋdaŋ ~ xardaŋ — vergilbt, falb, fahl, verschossen, rötlichbraun; < mong. *qagdan* 'altes, vorjähriges Gras, verwelktes Gras' (Kałużyński 1961: 108).

Belege: JaDW 75 *xaġdan* 'falb, gelb (vom Grase, von den Blättern)'; Pek 3223 *xagdan ~ xagdaṅ ~ xaġdan ~ xaġdaṅ ~ xakdaṅ ~ xaldan ~ xaldaṅ ~ xaṅdaṅ ~ xardaṅ* 'bleklyj, pobleklyj, povjalyj, peresoxlyj (o trave i list'jax)'; JaRS 472 *xagdaṅ* 'staryj, poryželyj (o medvede), bleklyj, uvjadšij'; Jak 190 *xagdaŋ* 'fahl, verschossen'.

Verbale Weiterbildung: **xagdannaa-** 'grünes und fahles Heu vermengen' (Pek 3223 *xagdannā-* [ot *xagdan* + *lā*] 'smešivat' zelenoe seno s bleklym').

Der Begriff *xagdan* einschließlich seiner Varianten kennzeichnet ein Objekt, dessen eigentliche Farbe verblasst ist, insbesondere vergilbtes Gras und gelb oder rötlichbraun verfärbtes Laub, aber auch das fahle Heu, das beim Schnitt von verdorrtem

Gras anfällt. Bei einem rötlichbraunen Bären scheint das meist braune bis schwarzbraune Fell verschossen zu sein; es muss sich jedoch um kein Anzeichen von Alter handeln, wie die Definition ‘staryj, poryželyj (o medvede)’ in JaRS nahelegt, denn die Färbung der Braunbären kann stark variieren. Eine blasse Tönung vermittelt gleichfalls die Pferdefarbe *xagdaŋ kugas* (s. 2.2.1), die Rinderfarbe *xaγdaŋ maŋaas* (s. 2.3.1) und die Pferde- und Rinderfarbe *xardaŋ maγaas* (s. 2.4.1).

♦ *xagdaŋ ot* ‘verdorrtes Gras, Heu aus verdorrtem Gras’ (Pek 3223 *xagdaṅ ot* ‘suxaja trava, seno iz poblekšej na kornju travy’) | *xagdaŋ ähä* ‘rötlichbrauner Bär’, wrtl.: verschossener Bär (Pek 3223 *xagdaṅ äsä* ‘ryžij [poryželyj, otlinjavšij] medved'’).

kugdarxay ~ **kuxdaxay** ~ **kurdarxay** — gelb, vergilbt, verschossen, hellbraun; < *kugdarïy-* ‘vergilben, bleich werden’.

Belege: Pek 1191 *kugdarxai* [ot *kugdaryi* + *xai*] ~ 1246 *kurdarxai* ~ 1272 *kuxdaxai* ‘buryj, poželtelyj, pobleklyj’; JaRS 185 *kugdarxaj* ‘svetlo-buryj, bleklyj’.

saharxay ~ **saaxxay** ~ **saarxay** — gelb, gelblich, gelbrot, orange, rotbraun, kastanienbraun, blond; < *sahar-* ‘gelb oder rot werden, gelb oder rot schimmern’.

Belege: JaDW 157 *sasarxai* ‘gelbroth, braun, gelb, orange’; Pek 2117 *sasarxai* [ot *sasar* + *xai*] ‘želtokrasnyj, ryžij, gnedoj (o lošadi), rusyj (o volosax), karij (o glazax), želtyj, oranževyj’ ~ 2110 *sārxai* [sokrašč. iz *sasarxai*] ~ 2140 *sāxxai* [sokrašč. iz *sasarxai*] ‘želtovatyj’; JaRS 318 *saharxaj* ‘žëltyj, karij (o glazax), rusyj (o volosax)’.

Nominale Weiterbildung: **saharxaydïŋï** ‘gelblich’ (JaDW 157 *sasarxaidyṅy* ‘gelblich’; Pek 2117 *sasarxaidyṅy* [ot *sasarxai* + *dyṅy*] ‘želtovatyj’; JaRS 318 *saharxajdyṅy* ‘želtovatyj’).

Die mit *saharxay* erfassten Gelbtöne tendieren meist nach Rot; *saharxay* ist vor allem auf menschliche Haare und Augen anwendbar, aber auch auf Pferde. Beim Butterpilz bezieht sich *saharxay* auf den rostbraunen Hut.

♦ *saharxay arïï* ‘Rahmbutter’, wrtl.: gelbe Butter (Pek 2117 *sasarxai arȳ* ‘želtoe maslo’) | *saharxay xaraxtardaax kïïs* ‘Mädchen mit kastanienbraunen Augen’ (JaRS 318 *saharxaj xaraxtardaax kyys* ‘devuška s karimi glazami’) | *saharxay tälläy* ‘Butterpilz’, wrtl.: rotbrauner Pilz (Pek 2629 *sasarxai tälläi* ‘masljannik’) | *saharxaydïŋï tolbonnoox* ‘gelblich gefleckt’ (JaRS 318 *saharxajdyṅy tolbonnoox* ‘s želtovatym ottenkom’).

Abstufungen von *saharxay* sind **čaγïlxay saharxay** ‘rosarot’ (Pek 3550 *čaǧylxai sasarxai* ‘rozovyj’) und **sahïl saharxay** ‘fuchsrot’ (JaDW 157 *sasyl sasarxai* ‘fuchsroth, rosenroth’; Pek 2117 *sasyl sasarxai* ‘ryžij, rozovyj’). Durch *čaγïlxay* ‘hell’ wird eine lichtere Nuance von *saharxay* ‘gelbrot’ erzielt; eine derartige Tönung zeigt z.B. der Himmel, wenn nach Sonnenuntergang seine zunächst gelbrote Färbung in Rosarot übergeht. Als Wortteil von *sahïl saharxay* ist *sahïl* im Sinne von 'Fuchs' gebraucht; *sahïl saharxay* (wrtl.: gelbrot wie der Fuchs) dürfte daher nur für 'fuchsrot' stehen. Bei Pek 3550 wird *čaġylxai syrdyk* 'rozovyj' angeführt; in diesem Falle bewirkt *čayïlxay* aber nicht die Aufhellung einer Farbe, sondern eine Intensivierung von *sïrdïk* 'hell', so dass es fraglich erscheint, ob *čayïlxay sïrdïk* die Bedeutung 'rosarot' hat.

saharïmsïa — gelblich; < *sahar-* 'gelb werden, gelb schimmern'.

Belege: JaDW 157 *sasarymsya* 'gelblich'; Pek 2117 *sasarymsya* [ot *sasar* + *ymsya*] 'želtovatyj'.

sahïl — gelb, gelbrot.

Beleg: Pek 2120 *sasyl* 'želtyj'.

Nominale Weiterbildung: **sahïlïmtïa** 'gelblich' (Pek 2120 *sasylymtya* [ot *sasyl* + *ymtya*] 'želtovatyj').

Das Farbadjektiv *sahïl* ist mit dem schon im Alttürkischen belegten Wort *yašïl* 'grün' identisch, das sich bei fast allen Türkvölkern in diesem Sinne erhalten hat (s. Laude-Cirtautas 1961: 59–64 s.v. *yašïl*). Im Jakutischen fand hingegen ein Bedeutungswandel grün > gelb > gelbrot (> Fuchs) statt, der möglicherweise mit der herbstlichen Verfärbung des Laubes, insbesondere dem frühzeitigen Vergilben des Grases zusammenhängt, worauf der Beleg *sahïl xonuu* hinweist; vgl. altaitürkisch *sarï čöl* 'gelbe Steppe'.

♦ *sahïl xonuu* 'dicht mit Gras bewachsene ebene Fläche', wrtl.: gelbes Feld (DSJaJa 204 U-Ald. 'rovnoe pole s dernistoj počvoj, pokrytoe gustoj travoj') | *sahïl ölüü* 'Gelbsucht', wrtl.: gelbe Krankheit (Pek 2120 *sasyl ölū̆* 'želtuxa') | *sahïl oγo* 'neugeborenes Kind', wrtl.: gelbrotes Kind (DSJaJa 204 An. *sahyl oġo* 'novoroždennyj rebenok').

Die Pferdefarben *sahïl kärä* und *sahïl ulaan* (s. 2.2.1) zeigen eine ins Gelbliche bzw. Rötliche spielende Tönung der Grundfarbe auf. Primär ist *sahïl* heute eine Benennung für den Rotfuchs (Pek 2119 *sasyl* 'lisa, lisica, Canis vulpes').

sundul — gelblich.

Beleg: Pek 2336 *sundul* 'želtovatyj'.

uohax öŋnööx — gelb, wie Biestmilch gefärbt.

Beleg: JaRS 440 *uohax öṅnööx* 'žëltogo cveta, žëltyj'.

1.5 Bezeichnungen für ‘blau, grün’

Im Jakutischen ist für Blau und Grün eine einzige Benennung gebräuchlich, nämlich *küöx*, das für jede Schattierung von Blau und Grün stehen kann. Um besondere blaue oder grüne Tönungen festzulegen, wird *küöx* attributiv ergänzt und kann in dieser Form nur für blaue oder nur für grüne, mitunter für blaue und grüne Nuancen stehen, und zwar sprachlich so differenziert, dass nahezu alle Abstufungen von *küöx* abgedeckt und folglich auch keine speziell benutzten Bezeichnungen belegbar sind. Dies steht in einem deutlichen Widerspruch zu der Vermutung von Doerfer (1995: 215), dass im Türkischen die Helligkeitsstufen einer Farbe terminologisch a priori stärker unterschieden werden. Derselbe Sachverhalt hat sich, wie bereits dargelegt, im Hinblick auf *kïhïl* ergeben (s. 1.3.1).

küöx — blau, grün.

Belege: JaDW 72 *küöx* ‘grün, blau’; Pek 1323 *küöx* ‘goluboj, sinij, zelenyj, zelenovatyj’; JaRS 200 *küöx* ‘sinij, goluboj, zelënyj’.

Nominale Weiterbildung: **küöxtüŋü** ‘bläulich, grünlich’ (Pek 1323 *küöxtüṅü* [ot *küöx* + *tüṅü*] ‘zelenovatyj, sinevatyj, golubovatyj’; JaRS 200 *küöxtüṅü* ‘golubovatyj, sinevatyj, zelenovatyj’).

Verbale Weiterbildungen: **köγör-** ‘grün oder blau werden’ (JaDW 57 *köġör-* ‘grün oder blau werden’; Pek 1123 *köġör-* [ot *küöx* + *ör*] ‘zelenet', sinet', golubet'’; JaRS 175 *köġör-* ‘zelenet', sinet', golubet'’), **köγört-** ‘grün oder blau färben’ (JaRS 175 *köġört-* ‘zelenit', sinit', delat' golubym’).

a) Anwendung in eigentlicher Bedeutung

Mit *küöx* können – auch mit Grau vermischte – blaue oder grüne Farbtönungen erfasst werden, wie dies gleichfalls Laude-Cirtautas (1961: 77–85) in anderen Türksprachen für *kök* nachweist. Ein wesentlicher Unterschied besteht jedoch darin, dass die Jakuten keinen eigenen Begriff für Grün kennen, weil die bei den meisten Türkvölkern übliche allgemeine Farbbenennung *yašïl* ‘grün’ (s. Laude-Cirtautas 1961: 59–64) den Bedeutungswandel grün > gelb > gelbrot (> Fuchs) erfahren hat (s. 1.4.2 s.v. *sahïl*). Die Übertragung der Farbwerte von *yašïl* auf *küöx*, die ebenso in einigen südsibirischen Türksprachen erfolgt ist, lässt sich darauf zurückführen, dass Blau und Grün als einander nahestehende Farben betrachtet werden; bei vielen Türkvölkern ist deshalb *yašïl* zudem für ‘blau’ und *kök* für ‘grün’ gebräuchlich. Doerfer (1995: 215) übersetzt *yašïl* mit “dunkeltürkisfarben” und *kök* mit “helltürkisfarben”, da er es für möglich hält, dass die Unterscheidung von Grün und Blau im Türkischen weniger scharf ist als im Deutschen. Auch im deutschen Sprachgebrauch wird jedoch nicht immer exakt zwischen Grün und Blau unterschieden; so hat z.B. der Blauracke genannte Vogel ein blaugrün gefärbtes Gefieder, und der Grünkohl heißt regional mitunter Blaukohl.

Clauson (1972: 707) geht davon aus, dass mit *kök* ursprünglich nur der sichtbare Himmel bezeichnet wurde: *kö:k* basically ‘the sky’; hence ‘sky-coloured, blue, blue-grey’, etc.). Annemarie v. Gabain leitet *kök* ‘blau’ gleichfalls von *kök* ‘Himmel’ her; ihrer Erklärung steht nach Laude-Cirtautas “jedoch die Tatsache entgegen, dass *kök* auch Nuancen der grauen und braunen Farbe wiedergeben kann und dass von diesen Farbnuancen [*ala*, *boz*, *quba*, *čaŋqïr*, *oy*] ein Bedeutungsübergang zu bläulichen Farbtönen möglich ist” (S. 81, Fußnote 2). Die Angaben im *Dīvān luγāt at-turk* scheinen diesen Einwand allerdings zu widerlegen. Kāšγarī (DLT 501) erwähnt *kȫk* in der Bedeutung ‘Himmel’ (*al-samāᵓ*) und als eine Bezeichnung für jedes Ding in der Farbe des Himmels. Für letztere Verwendung führt er *kȫk tōn* ‘graues (*akhab*) Gewand’ an sowie *känd kȫki* ‘Vorstadt’, wrtl.: das Grün der Stadt, bezogen auf das Grün (*ḫuḍra*) der Bäume am Rand der Stadt. An anderer Stelle (DLT 165) definiert Kāšγarī *kök* mit ‘grau’ (*akhab*) und *kök temir* mit ‘blaues (*azraq*) Eisen’. Folgt man Kāšγarī, so beschränkt sich die Farbe des Himmels nicht auf Graublau, Hellblau oder etwa heller, wie Laude-Cirtautas konstatiert hat; vielmehr ist aus seinen Beispielen zu ersehen, dass der Himmel zudem eine graue oder grünliche Färbung annehmen kann.

Die Jakuten benennen das Firmament nicht mit *küöx*, sondern mit *taŋara*, einer Rückentlehnung aus dem Mongolischen, und mit *xallaan*. Sie benutzen zwar *xallaan küöx* (s. unten) für ‘himmelblau’, doch bleibt es fraglich, ob sie *küöx* eindeutig mit der Farbe des Himmels verbinden oder in einer besonderen Färbung des Himmels eine Nuance von *küöx* sehen, denn für die Jakuten hat das Firmament von Weiß über Blau bis Grau reichende, vor allem aber sehr helle Tönungen. Im Hinblick darauf könnte der Ausdruck **xallaan öŋnööx**, den Pekarskij mit ‘himmelblau’ übersetzt (Pek 1949 *xallān öňnȫx* ‘goluboj’), der aber wörtlich ‘mit der Farbe des Himmels’ bedeutet, im selben Sinne gebraucht sein wie *kȫk* bei Kāšγarī, nämlich als Benennung für jedes Ding in der Farbe des Himmels. Laude-Cirtautas ordnet *kök* als eine gegenständliche Farbbezeichnung ein, die auf bestimmte Objekte, denen von Natur aus eine graue, braune oder bläuliche Schattierung eigen ist, angewendet wird, und zwar auf Tiere, Haar, Haut, Augen, Himmel, Gras usw., in manchen Dialekten auch auf leblose Dinge mit ähnlicher, jedoch meist nicht naturgegebener Färbung. Die folgenden Beispiele zeigen, dass beides für *küöx* zutrifft, d.h., dass *küöx* offenbar allgemein benutzt wird.

♦ *küöx xallaan* ‘blauer Himmel’ (Pek 1323 *küöx xallān* ‘goluboe nebo, tverd' nebesnaja’) | *küöx bïlït* ‘graublaue Wolke’ (Pek 1323 *küöx bylyt* ‘goluboe oblako’) | *küöx unaar* ‘graublauer Dunstschleier’ (Pek 1323 *küöx unār* ‘sizaja dymka’) | *küöx dalay* ‘lasurblaue Wassertiefe’ (Pek 1323 *küöx dalai* ‘lazurnaja pučina’) | *küöx uot* ‘blaue Flamme’ (Pek 1323 *küöx uot* ‘goluboj ogon'’) | *küöx üörbä* ‘brünierte Lanze’ (Pek 1323 *küöx üörbä* ‘voronenaja [železnaja] pika’) | *küöx xonuu* ‘grüne Waldwiese’ (Pek 3483 *küöx xonū* ‘zelenyj lug’) | *küöx oγuruo* ‘grüne Glasperlen’ (Pek 1786 *küöx oǧuruo* ‘prostyja bol'šija i malyja busy zelenago cveta’).

Für eine allgemeine Verwendung spricht zudem, dass Abstufungen von *küöx* – wie bei generell gebrauchten Farbbezeichnungen üblich – durch die Voranstellung von Helligkeits- oder Farbbegriffen und anhand von Vergleichsobjekten erfasst werden können. Dies scheint darauf hinzudeuten, dass *küöx* entweder außer den Farbwerten von *yašïl* zusätzlich dessen allgemeine Funktion übernommen hat oder dass der Ersatz von *yašïl* durch *küöx* nur möglich war, weil *küöx* schon zuvor allgemein gebraucht worden ist. Besondere Blautönungen sind **xallaan küöx** 'himmelblau' (Pek 1323 *xallān küöx* 'goluboj, sinij'), **xara küöx** 'dunkelblau' (Pek 1323 *xara küöx* 'temnosinij') und **xampa küöx** 'samtblau' (Pek 3287 *xampa küöx* 'barxatistaja sineva'). Blaue und grüne Nuancen können **čääläy küöx** 'hellblau, hellgrün' (Pek 3600 *čāläi küöx* 'jarkozelenyj, jarkosinij'), **xaraŋa küöx** 'dunkelblau, dunkelgrün' (JaDW *xarańa küöx* 'dunkelgrün'; Pek 3340 *xarańa küöx* 'temnozelenyj, temnosinij'; JaRS 483 *xarańa küöx* 'tëmno-zelënyj') und – einschließlich einer grauen Schattierung – **sïrdïk küöx** 'hellblau, hellgrün, hellgrau' (JaDW 164 *syrdyk küöx* 'hellgrün'; Pek 1323 *syrdyk küöx* 'svetlosinij, svetlozelenyj, svetloseryj') anzeigen. Die meisten Bezeichnungen betreffen Grüntönungen: **čäl küöx** 'hellgrün' (JaDW 120 *čäl küöx* 'reines Grün, saftgrün'; Pek 3600 *čäl küöx* 'jarkozelenyj, čistaja [sočnaja, jarkaja] zelen''; JaRS 516 *čėl küöx* 'jarko-zelënyj'), **ot küöx** 'grasgrün' (Pek 1894 *ot küöx* 'zelenyj kak trava'), **örkökü küöx** 'graugrün, nicht ganz grün' (Pek 1959 *örkökü küöx* 'poluzelenyj'), **säbirdäx küöx** 'grün wie Laub' (Pek 2144 *säbirdäx küöx* 'zelenyj') sowie **mučukta küöx** (Pek 1323 *mučukta küöx* 'zelenyj'). Bei *mučukta küöx* dürfte es sich um ein leuchtendes Grün handeln, denn mit *mučukta* benennt man die Frühjahrstriebe der Nadelbäume.

♦ *čäl küöx xonuu* 'hellgrüne Wiese' (JaRS 516 *čėl küöx xonuu* 'jarkoe-zelënoe pole') | *čälläy küöx ot* 'hellgrünes Gras' (JaRS 517 *čėėlėj küöx ot* 'jarko-zelënaja trava').

In Übereinstimmung mit der im Verlauf des Sommers zunehmend matteren Farbe des Grases wird Heu jeweils nach der Zeit des Schnittes als **dabaxxaydaax küöx** 'gelbgrün', wrtl.: schwefelgrün (Pek 659 *dabaxxaidāx küöx* 'lučšij sort' sena (samoj pervoj kosy)'), **ǰäŋkir küöx** 'hellgrün' (Pek 1323 *čäńkir küöx* 'svetlozelenyj [seno]') und **ürüŋ küöx** 'blassgrün' (Pek 1323 *ürüń küöx* 'blednozelenyj [seno]') gekennzeichnet. Die Wiedergabe einer rötlichblauen Tönung der Haut wird durch den Vergleich mit einem ebenfalls rötlichblau gefärbten Körperorgan erzielt.

♦ *küöx taal sïraydaax* 'mit einem rötlichblauen Gesicht', wrtl.: mit einem Gesicht wie die blaue Milz' (Pek 2532 *küöx tāl syraidāx* 's licom, čto sinjaja selezenka').

b) Anwendung in übertragener Bedeutung

Laude-Cirtautas hat für *kök* keine Anwendung in übertragener Bedeutung angeführt, wohl aber für *yašïl,* nämlich als Farbe der Hoffnung und der Trauer; diese symbolische Auslegung scheint *küöx* von *yašïl* jedoch nicht übernommen zu haben. Wie die folgenden Zitate zeigen, verbinden sich mit *küöx* andere bildliche Ausdrucksmöglichkeiten. Ein Körperorgan, das eine bestimmte Eigenschaft symbolisiert und in diesem Sinne einen Menschen metaphorisch beschreibt, wird als *küöx* gekennzeichnet, wenn der Mensch einer solchen Eigenschaft nicht genügt; *küöx* zeigt dann eine anormale, nämlich eine dunkelblaue Färbung an. Dies trifft bei *küöx süräx* zu und wahrscheinlich auch bei *küöx taalay*, denn Pekarskij hält *taalay* für eine Kontraktion von *taŋalay* 'Gaumen' (mit Verweis auf sojotisch *taalay* 'Gaumen'). Der Gebrauch von *taŋalay* anstelle von *tïl* 'Zunge' lässt sich mit *taŋalayïn tïahatar* 'er schnalzt mit der Zunge' (JaRS 374 *taṅalajyn tyahatar* 'on ščëlkaet jazykom'), wrtl.: er schnalzt mit dem Gaumen, nachweisen; unter *küöx taalay* ist daher wohl eine dunkelblaue, d.h. eine faule Zunge zu verstehen.

♦ *küöx süräx* 'Faulpelz', wrtl.: dunkelblaues Herz (JaRS 200 *küöx sürėx* 'lentjaj') | *küöx taalay* 'Maulfauler', wrtl.: dunkelblauer Gaumen (Pek 2534 *küöx tālai* 'lentjaj [v brani]').

Nach Pekarskij bedeutet *küöx taalay* zudem 'zelenyj (o vši), temnosinij (jazyk)'; falls *taalay* für *taŋalay* steht, ist *küöx taalay* aber kein Farbadjektiv. Vielmehr dürfte *küöx taalay* die verfressene Blattlaus (*voš'*) sinnbildlich als 'grünen Gaumen' bezeichnen und in der Bedeutung 'temnosinij (jazyk)' mit 'lentjaj [v brani]' (s. oben) identisch sein.

c) küöx in Tiernamen

Im Hinblick auf Tiere vertritt *küöx* blaugraue, graue und grüne Schattierungen; bei den Pferdefarben vermittelt *küöx boroŋ* eine blaugraue und *küöx mayan* eine grauweiße Färbung, *küöx älämäs* hingegen eine graue Fleckung (s. 2.2.1), was ebenso für die Rinderfarben *küöx äbirdääx*, *küöx äbiriän*, *küöx äriän* (s. 2.3.1) zutrifft. Der Blaufuchs, eine Variante des schneeweißen Eisfuchses, trägt wie das sibirische Eichhörnchen einen blaugrauen Winterpelz, eine bestimmte Luchs-Abart ein blaugraues Fell. Die Klippentaube hat ein blaugraues Federkleid und der Stockentenerpel einen dunkelgrünen Kopf; Jungfische sind häufig grünlich gefärbt.

♦ *küöx kïrsa* 'Blaufuchs', wrtl.: blaugrauer Eisfuchs (JaRS 210 *küöx kyrsa* 'goluboj pesec') | *küöx üüs* 'blaugrauer Luchs' (Pek 3185 *küöx ǖs* 'rys' pepel'no-golubogo cveta') | *küöx tiiŋ* 'Feh', wrtl.: blaugraues Eichhörnchenfell' (Pek 1323 *küöx tīṅ* 'lučšij beličij mex') *küöx xoluup* 'Klippentaube', wrtl.: blaugraue Taube (RJaS 575 *küöx xoluup* 'sizyj golub'') | *küöx battax* 'Stockentenerpel', wrtl.: grünes Kopfgefieder (DSJaJa 132 Čur., Gorn. *küöx battax* 'krjakva') | *küöx ayax* 'kleiner Hecht', wrtl.: grünes Maul (DSJaJa 132 N-Kol., S-Kol., V-Kol. *küöx ajax* 'ščurënok') | *küöx kiriŋä* 'sehr kleiner Taimen', wrtl.: grüner Nacken (DSJaJa 132 Verx. *küöx kiriṅė* 'samyj melkij tajmen'').

d) küöx in Pflanzennamen

Bei Gräsern gibt *küöx* ein bläuliches Dunkelgrün wieder, ebenso beim Laichkraut, dessen Blätter sich wie eine Schicht aus Splint unter der Wasseroberfläche ausbreiten. Mit *küöx* werden zudem die hellblauen Blumenkronen der Himmelsleiter sowie die violettrosa getönten Blüten des Waldweidenröschens erfasst.

♦ *küöx kïrïs* 'grüner Rasen' (Pek 1323 *küöx kyrys* 'zelenyj dern') | *küöx ot* 'grünes Gras' (JaRS 200 *küöx ot* 'zelënaja trava') | *küöx n'alaxï* 'Laichkraut', wrtl.: grüner Splint (DSJaJa 377 S-Kol. *küöx n'alaxy* 'rdest') | *küöx töbö* 'Himmelsleiter', wrtl.: blauer Kopf (Tolmačev 407 *küöx töbö* 'sinjuxa') | *küöx sibätki* 'Waldweidenröschen', wrtl.: blaue Blume (DSJaJa 377 N-Kol. *küöx sibėtki* 'kiprej uzkolistnyj').

1.6 Bezeichnungen für 'braun'

Wie in den übrigen Türksprachen gibt es gleichfalls im Jakutischen keine zusammenfassende Benennung für Braun, sondern nur Bezeichnungen für verschiedene braune Schattierungen. Braun ist eine dunkle Körperfarbe mit rötlichgelbem Farbton; nach Rot oder Gelb tendierende Nuancen können daher mit speziell gebrauchten Benennungen für Gelb (s. 1.4.2) oder mit den allgemeinen Farbbegriffen *kihïl* (s. 1.3.1) und *arayas* (s. 1.4.1) erfasst werden. Für ins Graue spielende Brauntönungen verwendet man auch Bezeichnungen für Grau (s. 1.7). Die im Folgenden angeführten Ausdrücke sind an bestimmte Objekte – vorwiegend an Haare und Fell – gebunden.

arïlxay — hellbraun (bei Augen); < *arïlïy-* 'gelb schimmern'.

Belege: JaRS 47 *arylxaj* 'bol'šie svetlo-karie (o glazax)'; Jak 25 *arïlxay* 'hellbraun (Augen)'.

buor öŋnööx — erdfarben.

Beleg: Pek 1949 *buor öṅnȫx* 'zemljanogo cveta'.

buuraŋxay — graubraun; < r. *buren'kij* 'gräulichbraun'.

Belege: Pek 566 *būraṅxai* [russk. *buren'kij*] 'buryj'; DSJaJa 73 *buuraṅxaj* 'buryj'.

Der Brandfuchs hat einen rötlichbraunen Rücken, aber einen dunkelgrauen Bauch sowie eine gleichfarbige Schwanzspitze. Wegen seiner dunkelgrauen Unterseite bezeichnet man den Brandfuchs als *kärämäs sahïl* 'dunkelgrauer Fuchs' (s. 2.2.1), eine Varietät, bei der die Grannen des Bauchfells hell bespitzt sind, jedoch als *buuraŋxay sahïl* oder *buuray kärämäs* (s. unten). Diese Farbmischung wird auch mit *obuluoŋka* 'dunkelgrau meliert' erfasst (s. 2.1.1).

♦ *buuraŋxay sahïl* 'Brandfuchs', wrtl.: graubrauner Fuchs (Pek 566 *būraṅxai sasyl* 'buraja lisica, kotoraja po dostoinstvu nemnogo niže černoburoj').

buuray — graubraun; < r. *buryj* 'graubraun'.

Beleg: Jak 38 *buuray* '(grau)braun'.

♦ *buuray kärämäs* 'graubraunes Brandfuchsfell' (Pek 565 *būrai* [russk. *buryj*] *kärämäs* 'seroj šersti sivoduška').

čačarba — rotblond.

Beleg: Pek 3591 *čačarba* 'o cvete volos u rebenka: s ryževatym ottenkom'.

Der Farbbegriff *čačarba* lässt sich lediglich auf das Haar eines Kindes anwenden; es könnte deshalb ein Zusammenhang mit der für ein zweijähriges weibliches Renkalb gebrauchten Dialektbezeichnung *čačarba* bestehen, denn Renkälber haben gleichfalls eine rotblonde Tönung. Die Rentierbenennung *čačarba* ist wie *čačarï* eine Variante von *sačarïï* (DSJaJa 205 Njurb., Vil., V-Vil., V-Kol. *sačaryy* ~ U-Maj. *čačarba* ~ Verx. *čačarï* 'dvuxgodovalaja važenka'); *sačarïï* wurde von ewenk. *sačarī* 'dvuxgodovalaja važenka' entlehnt.

♦ *čačarba astaax oγo* 'Kind mit rotblonden Haaren' (Pek 3591 *čačarba astāx oġo* 'ditja, u kotorago volosy imejut ryževatyj ottenok').

čačarxay ~ **čïčarxay** — rotblond.

Belege: Pek 3591 *čačarxai* 'o mužčine i ženščine: s ryževatym ottenkom volos' ~ 3730 *čyčarxai* 'ryževatyj'; JaRS 509 *čačarxaj* 'ryžij, žëltyj'.

Steigerungsform: **čap čačarxay** 'rötlichgelb, kastanienbraun, hellblond' (Pek 3573 *čap čačarxai* 'krasnovato-želtyj, kaštanovyj, belokuryj').

Mit *čačarxay* wird die Haarfarbe von Erwachsenen beschrieben; *čap čačarxay* vermittelt neben einem intensiven Rotblond die hellste und die dunkelste Nuance von Blond, nämlich Hellblond und Kastanienbraun. Pekarski verweist von *čačarxay* auf *saharxay* 'blond' (s. 1.4.2); da ein Verb *čačar-* nicht belegbar ist, versteht sich *čačarxay* möglicherweise als eine Abwandlung von *saharxay* (< *sahar-* 'gelb oder rot werden, gelb oder rot schimmern').

♦ *čačarxay battax* 'rotblonde Haare' (JaRS 509 *čačarxaj battax* 'ryžie volosy').

Sowohl *čačarba* als auch *čačarxay* scheinen sich auf das Haar von Russen zu beziehen, und zwar nicht ohne spöttischen Beiklang, denn *čačarba* ist zudem für 'melkoroslyj' (von spärlichem Wuchs) und *čačarxay* für 'redkij' (spärlich, dünn) gebräuchlich.

öhöx öŋnööx — rötlichbraun, zimtbraun.

Beleg: Pek 1949 *ösöx önnȫx* 'koričnevyj'.

Mit *öhöx* bezeichnet man Blutgerinnsel (Pek 1977 *ösöx* 'krovjanoj svertok, sgustok'); *öhöx öŋnööx* bedeutet daher wörtlich 'mit der Farbe von Blutgerinnsel'.

1.7 Bezeichnungen für 'grau'

Die Farbe Grau ist gleichsam das Bindeglied zwischen Schwarz und Weiß, denn sie schließt sämtliche Schattierungen von Schwarzgrau bis Grauweiß ein. Es lassen sich zum einen Benennungen nachweisen, die mehrere Abstufungen von Grau zusammenfassen und offenbar allgemein angewendet werden. Zum andern gibt es Bezeichnungen, die besondere Nuancen vertreten und nur auf bestimmte Objekte beziehbar sind. Vor allem im Hinblick auf Haare und Haut sowie auf Laub oder Gras wird das Ausbleichen der eigentlichen Farbe als Abwandlung nach Grau empfunden. Da die matte Tönung von Grau die Distanz zwischen Dunkel und Hell überbrückt, gebraucht man einige Begriffe zudem im Sinne von 'glanzlos, matt'.

balaarxay ~ **balaaxay** — aschfahl, aschgrau; < *balaar-* 'besudelt, befleckt sein' (Kałużyński 1978b: 72).

Belege: Pek 349 *balārxai* ~ 350 *balāxai* 'pepel'no-blednyj'.

Nominale Weiterbildung: **balaaxaydïŋï** 'gräulich' (Pek 350 *balāxaidyṅy* [ot *balāxai*] 'serovatyj').

In sekundärer Bedeutung steht *balaarxay* ~ *balaaxay* für 'matt, glanzlos, trübe' (Pek 349 *balārxai* ~ 350 *balāxai* 'tumannyj, mutnyj').

bolomos ~ **boloŋos** — grau.

Beleg: Pek 493 *bolomos* ~ *boloṅos* 'seryj'.

Verbale Weiterbildungen: **boloŋoston-** 'graue Farbe annehmen' (Pek 493 *boloṅoston-* [ot *boloṅos* + *tō* + *n*] 'priobretat' seryj cvet'), **boloŋostuy-** 'grau werden' (Pek 493 *boloṅostui-* [ot *boloṅos*] 'stanovit'sja serym').

Der Begriff, der möglicherweise mit *boloruy-* 'sich grau abheben' zusammenhängt, scheint auf jedes Objekt von grauer Färbung anwendbar zu sein.

♦ *bolomos sukkun* 'graues Tuch' (Pek 493 *bolomos sukkun* 'sukno serago cveta') | *bolomos öŋnööx süöhü* 'Vieh von grauer Farbe' (Pek 1949 *bolomos öṅnōx süösü* 'skotina temno-beloj [svetlo-seroj] masti').

boloorxoy ~ **bolorxoy** ~ **bolooxxoy** — grau, dunkelgrau, aschgrau, aschblond; < *boloruy-* 'sich grau abheben'.

Belege: Pek 493 *bolōrxoi* ~ *bolōxxoi* 'seryj (napr., o cvete per'ev u koršuna)' ~ *bolorxoi* [ot *bolorui*] 'seryj'; JaRS 74 *boloorxoj* 'pepel'nyj, temno-seryj'.

Nominale Weiterbildung: **boloorxoyduŋu** ~ **bolorxoyduu** 'gräulich' (Pek 493 *bolorxoiduṅu* [ot *bolorxoi*] 'poxože na seryj cvet' ~ *bolōrxoidū* [ot *bolōrxoi*] 'serovatyj').

Mit *boloorxoy* werden – auch im Hinblick auf Haare – diverse Abstufungen von Grau erfasst, aber zudem eine dunkelgraubraune Tönung, wie sie z.B. das Gefieder des Schwarzen Milans zeigt; ein dunkles Graubraun vertritt ebenso die Rinderfarbe *boloorxoy kürüŋ* (s. 2.3.1). In sekundärer Bedeutung gebraucht man *boloorxoy* für 'matt, glanzlos, trübe' (Pek 493 *bolōrxoi* 'tusklyj [o stekle], mutnyj'; JaRS 74 *boloorxoj* 'mutnyj'), und zwar in Bezug auf den matten Schimmer von Glas oder den trüben Schein einer Flüssigkeit.

♦ *boloorxoy ǰühünnääx uu* 'trübes Wasser', wrtl.: Wasser von grauer Färbung (JaRS 74 *boloorxoj d'ühünnėėx uu* 'mutnaja voda').

borolxoy — grau; < *boroluy-* 'sich dunkel abheben'.

Belege: JaDW 134 *borolxoi* 'grau'; Pek 502 *borolxoi* [ot *borolui*] 'seryj'; JaRS 75 *borolxoj* 'seryj'.

♦ *borolxoy ǰühünnääx taŋas* 'Stoff von grauer Farbe' (JaRS 75 *borolxoj d'ühünnėėx taṅas* 'material tusklogo serogo cveta').

Wie *boloorxoy* hat *borolxoy* zudem die sekundäre Bedeutung 'matt, glanzlos, trübe' (JaDW 134 *borolxoi* 'dunkel, trübe'; Pek 502 *borolxoi* 'tusklyj'; JaRS 75 *borolxoj* 'tusklyj').

boroŋ — grau, dunkelgrau, eisengrau, schwarzgrau, schwarzbraun, dunkelrotbraun.

Belege: JaDW 134 *boroṅ* 'schwarzgrau (von Pferden)'; Pek 502 *boroṅ* 'seryj i raznye ottenki serago: seroblednyj, temnoseryj, o lošadjax: sivyj, sivoželeznyj, gnedoj, temno-gnedoj'; JaRS 75 *boroṅ* 'temno-seryj'; Jak 34 *boroŋ* 'aschgrau (Farbe der Kleidung), schwarzbraun (Farbe der Tiere)'.

Nominale Weiterbildung: **boroŋsuor** 'gräulich' (Pek 502 *boroṅsuor* [ot *boroṅ* + *suor*] 'serovatyj, sivovatyj').

Verbale Weiterbildung: **boroŋsuy-** 'grau oder dunkelgrau werden' (Pek 502 *boroṅsui-* [ot *boroṅ*] 'seret', sivet''; JaRS 75 *boroṅsuj-* 'seret', stanovit'sja tëmno-serym').

Das Farbadjektiv *boroŋ* ist eine Rückentlehnung von mong. *bora* 'grau, braun', das auf türkisch *boz* zurückgeht (s. Schönig 2000: 72 s.v. *bora* und Laude-Cirtautas 1961: 86–93 s.v. *boz*). Bei Pferden scheint *boroŋ* für dunkel- oder mausgraue Jakuten-Pferde zu stehen und für dunkle Abarten des Braunen wie der Kastanienbraune oder der Schwarzbraune; der Schneehase hat im Sommer ein braungraues Fell. Außerdem kann *boroŋ* einen dunkelhäutigen Menschen kennzeichnen.

♦ *boroŋ öŋnööx* 'mausfarben' (Pek 502 *boroṅ öṅnȫx* 'myšinago cveta') | *boroŋ kuobax* 'Schneehase im Sommerfell', wrtl.: dunkelgrauer Hase (JaRS 75 *boroṅ kuobax* 'temnoseryj zajac') | *boroŋ uraaŋxay* 'dunkelhäutiger Jakute' (Pek 502 *boroṅ urāṅxai* 'smuglyj urjanxaec-jakut') | *boroŋsuor soɣus at* 'leicht gräuliches Pferd' (Pek 502 *boroṅsuor soğus at* 'neskol'ko sivovataja lošad'').

Eine Abstufung von *boroŋ* ist **tuoy boroŋ** ‘lehmgrau’ (Pek 2817 *tuoi boroṅ* ‘glinistoseryj’).

♦ *tuoy boroŋ doydu* ‘lehmgraues Gelände’ (Pek 2817 *tuoi boroṅ doidu* ‘glinistoseraja mestnost'’).

boruŋuy ~ **boroŋuy** — grau, aschgrau, dunkel.

Belege: Pek 505 *boruṅui* ~ *boroṅui* ‘seryj, temnyj’; Jak 34 *boruŋuy* ‘aschgrau’.

♦ *boroŋuy siidäs* ‘dunkler Kattun’ (Pek 505 *boruṅui sīdäs* ‘temnyj sitec’).

Mit *boruŋuy* ~ *boroŋuy* wird auch die Dämmerung benannt, das gräuliche Zwielicht zwischen Tag und Nacht (Pek 505 *boruṅui* ~ *boroṅui* ‘utrennija i večernija sumerki’); vgl. *boruor-* ‘dunkel werden, dämmern’.

kubaγay — bleich, verschossen, ausgebleicht.

Belege: Pek 1186 *kubağai* ‘blednyj, bezkrovnaja, mertvennaja belizna (lica)’; JaRS 184 *kubağaj* ‘blednyj, beskrovnyj’; Jak 87 *kubaγay* ‘bleich, blass, fahl, verblichen (in der Sonne)’.

Laude-Cirtautas (1961: 95–97 s.v. *quba*) ordnet das im Kirgisischen, Sagaischen und Südaltaischen belegte *qubaqay* als eine Weiterbildung von *quba* ein, das bei vielen Türkvölkern für ‘bleich, hell’ gebräuchlich ist, und zwar vor allem im Hinblick auf Haar und Haut. Bei jakutisch *kubaγay* könnte es sich allerdings auch um eine Entlehnung von mong. *qubaqai* ‘an der Luft ausgebleicht’ handeln.

♦ *kubaγay siräy* ‘bleiches Gesicht’ (JaRS 184 *kubağaj sirėj* ‘blednoe lico’).

Durch die attributive Ergänzung mit *xaraŋa* ‘dunkel’ bzw. *tuos* ‘Birkenrinde’ werden bestimmte Nuancen von *kubaγay* exakt definiert: **xaraŋa kubaγay** ‘aschfahl’ (Pek 3340 *xaraṅa kubağai* ‘temnoblednyj’) und **tuos kubaγay** ‘hellblond’ (Pek 1186 *tuos kubağai* ‘belokuryj, blondin’). Als Rentierfarbe kennzeichnet *kubaγay* ein graubraunes oder hellbraunes Fell (s. 2.5.1).

kubarxay — bleich, fahl, hellblond; < *kubarïy-* ‘bleich werden, verschießen’.

Belege: JaDW 70 *kubarxai* ‘bleich, bleiche Farbe’; Pek 1187 *kubarxai* [ot *kubaryi* + *xai*] ‘blednovatyj, blednyj, blondin, blednyj cvet’; JaRS 184 *kubarxaj* ‘blednovatyj’; Jak 87 *kubarxay* ‘ziemlich fahl, bleich’.

♦ *kubarxay iŋnääx* ‘mit bleichem Gesicht’, wrtl.: mit bleichen Wangen (Pek 950 *kubarxai iṅnǟx* ‘blednolicyj’).

kunarxay — aschgrau.

Beleg: Pek 1216 *kunarxai* ‘pepel'nyj cvet’.

Vermutlich ist *kunarxay* eine Abwandlung von *kubarxay* (s. oben).

kutuyax öŋnööx — mausfarben.

Beleg: Pek 1949 *kutujax öṅnȫx* 'myšinago cveta'.

ökkökü ~ ölkökü ~ örkökü ~ örköŋü — bläulichweiß, blaugrau, grau; graubraun (bei Tuch).

Belege: Pek 1931 *ölkökü ~ ökkökü* 'sinevato-belyj, goluboj' ~ 1959 *örkökü* 'seryj' ~ *örköṅü* 'o serom sukne: buryj'.

Eine weitere Variante dürfte **örkööнü** sein; das Wort ist nur in dem Vogelnamen *örköönü turuya* (DSJaJa 195 Sunt. *örköönü turuja* '?') nachweisbar, der wahrscheinlich den im Bezirk Suntar häufigen hellgrauen Weißnackenkranich benennt.

siäräy — grau; < r. *seryj* 'grau'.

Belege: Pek 2192 *siärӓi* [russk.] 'seryj'; Jak 140 *siäräy* 'grau'.

Das Lehnwort *siäräy* scheint wie r. *seryj* eine Bezeichnung zu sein, die alle Nuancen von Grau zusammenfasst.

♦ *siäräy xallaan* 'grauer Himmel' (Pek 2192 *siärӓi xallān* 'seroe nebo') | *siäräy ot* 'graues [fahles] Gras' (Pek 2192 *siärӓi ot* 'seraja trava') | *siäräy säbirdäx* 'graues [fahles] Laub' (Pek 2192 *siärӓi säbirdäx* 'seryj drevesnyj list').

soloŋu — grau, hellgrau, gräulich, grauweiß.

Belege: Pek 2272 *soloṅu* 'seryj, serovatyj, serobelyj'; DSJaJa 211 S-Kol. *soloṅu* 'seryj' ~ Verx. *soloṅu* 'svetloseryj'.

Als Rentierfarbe steht *soloŋo ~ soloŋu* für 'hellbraun', d.h. für eine Übergangsfarbe beim Haarwechsel (s. 2.5.1). In sekundärer Bedeutung wird *soloŋu* für 'matt, glanzlos' (Pek 2272 *soloṅu* 'mutnyj') gebraucht.

♦ *sobo minin kurduk soloŋu daydï* 'ein Platz so glanzlos wie Karauschensuppe' (Pek 2272 *sobo minin kurduk soloṅu daidy* 'mesto mutnoe kak karasevaja uxa').

torduu — rauchgrau; < *tordoo-* 'schwärzen (mit Ruß)'.

Beleg: Pek 2739 *tordū* [ot *tordō* + *ū*] 'dymčatyj'.

♦ *torduu bïlït* 'rauchgraue Wolke' (Pek 2739 *tordū bylyt* 'dymčatoe oblako').

1.8 Bezeichnungen für 'bunt'

Die Feststellung von Laude-Cirtautas (1961: 72), dass Grau auch im Türkischen als eine aus Schwarz und Weiß zusammengesetzte Farbe empfunden wird, ist zweifellos zutreffend, kaum jedoch ihre Folgerung, dass der zwei-, d.h. mehrfarbige Charakter der grauen Farbe schließlich dazu geführt hat, dass Grau soviel wie Bunt bedeuten kann und Bunt demnach identisch mit Schwarz-Weiß ist. Mit Bunt verbindet sich kein Ineinander von Schwarz und Weiß wie bei Grau, sondern stets ein Nebeneinander von unterschiedlichen Farben. Ein Gegenstand wird dann als bunt wahrgenommen, wenn sich von der Grundfarbe andersfarbige Streifen oder Flecke abheben. Benennungen für 'bunt' sind auf jedes in dieser Weise gemusterte Objekt beziehbar; für die Zwei- oder Mehrfarbigkeit von Tieren, vor allem von Pferden und Rindern, gibt es zahlreiche Spezialbezeichnungen, die im zweiten Teil vorgestellt werden (s. 2.1.1, 2.2.1, 2.3.1, 2.4.1 und 2.5.1).

äbir — bunt, gefleckt, getüpfelt, sommersprossig, pockennarbig.

Belege: Pek 220 *äbir* 'krapčatyj, pestryj, rjaboj (čelovek)'; JaRS 535 *ėbir* 'krapčatyj, rjaboj'; Jak 209 *äbir* 'getüpfelt, gesprenkelt, scheckig'.

Nominale Weiterbildungen: **äbirdääx** 'getüpfelt, sommersprossig, pockennarbig' (JaDW 15 *äbirdǟx* 'fein gesprenkelt'; Pek 220 *äbirdǟx* [ot *äbir*] 'melko nakraplennyj, krapčatyj, s krapinami [o skote], rjaboj, pjatnastyj'; JaRS 535 *ėbirdėėx* 'krapčatyj, vesnuščatyj, rjaboj'), **äbirdääxtääx** 'getüpfelt, bunt' (Pek 220 *äbirdǟxtǟx* [ot *äbirdǟx*] 's krapinami [o skote], pestryj'). Zu **äbiriän** s. 2.4.1.

Verbale Weiterbildung: **äbirdää-** 'fleckig machen, bunt färben' (Pek 220 *äbirdǟ-* [ot *äbir*] 'pjatnat', delat' pestrym'; JaRS 535 *ėbirdėė-* 'nanosit' krapiny').

Der Ausdruck *äbir* lässt sich auf jedes beliebige Objekt anwenden, ebenso auf die menschliche Haut, wenn sie mit Sommersprossen oder Pockennarben bedeckt ist; dies gilt gleichfalls für *äbirdääx*.

♦ *äbir bïlït* 'Federwolke', wrtl.: bunte Wolke (Pek 220 *äbir bylyt* 'peristoe oblako') | *ürüŋ äbir bïlït* 'Schäfchenwolke', wrtl.: weiße gefleckte Wolke (Pek 220 *ürüṅ äbir bylyt* 'belye baraški-oblački') | *äbir xamïyax* 'bunter Löffel' (Pek 220 *äbir xamyjax* 'pestraja ložka') | *äbir oyuu* 'getüpfeltes Muster' (JaRS 535 *ėbir ojuu* 'krapčatyj risunok') | *äbirdääx xaraxtaax* '[Stute] mit gesprenkelten Augen' (Pek 220 *äbirdǟx xaraxtāx* '[kobyla] s rjabymi glazami').

Die Rinderfarbe *küöx äbirdääx* kennzeichnet ein graugeflecktes Rind (s. 2.3.1).

äläännääx — mit einem weißen oder hellen Streifchen.

Belege: Pek 242 *älǟnnǟx* 's beloj poloskoj'; JaRS 539 *ėlėėnnėėx* 's svetloj polosoj, poloskoj'.

♦ *äläännääx taŋas* 'Kleidung mit einem hellen Streifchen' (JaRS 539 *ėlėėnnėėx taṅas* 'odežda so svetloj poloskoj') | *kugas äläännääx tiiŋ* 'Eichhörnchen mit Flecken an den Innenseiten der Hinterbeine', wrtl.: rotbraunes Eichhörnchen mit weißen Streifchen (Pek 242 *kugas älǟnnǟx tīṅ* 'belka s podpalinami na vnutrennix častjax zadnix nog').

ǰäräbinäy — bunt.

Beleg: Pek 812 *ċäräbinäi* ‘pestryj’.

ǰäräkäännääx — bunt, bunt verziert, gemustert.

Belege: Pek 812 *ċäräkānnāx* ‘uzorčatyj’; JaRS 138 *d'ėrėkėėnnėėx* ‘pëstryj, pëstro ukrašennyj’.

Mit *ǰäräkään* benennt man eine bunte Kante oder eine Musterung aus querverlaufenden Streifen (Pek 812 *ċäräkān* ‘pestraja kajma, poperočno-polosatyj uzor’).

♦ *ǰäräkäännääx ǰiäl* ‘mit einer Borte versehene Tür der Sommerjurte, Tür aus buntgemusterter Birkenrinde’ (Pek 812 *ċäräkānnāx ċiäl* ‘kaemčataja dver' urasy, dver' iz [uzorčato]-pestroj beresty’) | *kustuk kurduk ǰäräkäännääx* ‘bunt wie ein Regenbogen’ (JaRS 138 *kustuk kurduk d'ėrėkėėnnėėx* ‘pëstryj, kak raduga’).

ǰiribinä — bunt, scheckig.

Beleg: Pek 832 *ċiribinä* ‘rjaboj, pestryj’.

ǰiribinäy — bunt schillernd, leicht scheckig.

Beleg: Pek 832 *ċiribinäi* ‘rjaben'kij, perelivajuščij cvetami’.

Bei *ǰiribinäy* könnte es sich um eine nominale Weiterbildung von *ǰiribinä* handeln, die ‘bunt’ zu ‘leicht bunt’ abschwächt; vgl. *ǰäräbinäy* (s. oben).

tolbonnoox — gefleckt, getüpfelt.

Belege: JaDW 98 *tolbonnōx* ‘gefleckt’; Pek 2713 *tolbonnōx* [ot *tolbon* + *lāx*] ‘krapčatyj, s pjatnami voobšče i s belymi v častnosti’.

Mit *tolbon* werden helle oder dunkle Flecke und Tüpfel sowie Sommersprossen erfasst (Pek 2713 *tolbon* ‘pjatno [beloe ili černoe], krapinka, vesnuški na tele’). Die vor allem bei Falben häufigen Apfelbildungen sind helle Flecke mit dunkleren Randhaaren; manche Luchse haben auf ihrem gelb- bis hellgrauen Pelz zahlreiche dunkle Flecke.

♦ *tolbonnoox kurbuhaxtaax at* ‘Pferd mit geapfelter Kruppe’ (Pek 2713 *tolbonnōx kurbusaxtāx at* ‘lošad' s zadom v jablokax’) | *tolbonnoox üüs* ‘gefleckter Luchs’ (Pek 2713 *tolbonnōx ǖs* ‘pjatnistaja rys'’).

Unter *tolbonnoox ämiiy* ist kaum eine lilienweiße Brust zu verstehen, wie die Definition ‘lilejnaja grud'’ nahelegt, da Sommersprossen bräunliche Hautflecke sind. Pekarskij setzt *tolbonnoox n'üür* mit *tunalyannaax n'üür* (= *n'uur*) gleich; *tunalyannaax n'üür* bezeichnet jedoch kein sommersprossiges, sondern ein glänzendes Gesicht. Im Heldenepos ist *tunalyannaax n'uurdaax* der Beiname einer schönen Frau (JaRS 262 *tunalġannaax n'uurdaax* ‘s sijajuščim licom [ėpitet krasavicy olonxo]’).

♦ *tolbonnoox ämiiy* ‘Brust mit Sommersprossen’ (Pek 2713 *tolbonnōx ämii* ‘lilejnaja grud'’) | *tolbonnoox n'üür* ‘sommersprossiges Gesicht’ (Pek 2713 *tolbonnōx njūr* ‘blestjaščij lik’).

Bei Jak 168 wird *tolbon* zudem in der Bedeutung ‘schillernde Farbe (z.B. Fuchsfell)’ angeführt; eine Farbe schillert, wenn sie je nach Lichteinfall hell oder dunkel aufglänzt. Dies trifft aber auf kein Fuchsfell zu, auch nicht auf den schwärzlichen Silberfuchspelz, denn er bekommt durch die weißen Spitzen der Grannen, d.h. durch feine weiße Tüpfel, einen silbrigen Schimmer. Die Jakuten benennen deshalb den Silberfuchs mit *kïrïmaxtaax xara sahïl* ‘Schwarzfuchs mit weißen Tüpfeln’ (s. 2.1.1).

2 Tierfarben und Tierabzeichen

Bestimmte Farbbegriffe sind nur oder vorwiegend auf Tiere anwendbar; sie kennzeichnen ein Tier nach der besonderen Tönung oder Musterung von Fell, Gefieder und Haut. Neben den eigentlichen Tierfarben können *xara* (1.1.1), *ürüŋ* (1.2.1), *kïhïl* (1.3.1), *araγas* (1.4.1) und *küöx* (1.5.1) ein Tier farblich beschreiben, desgleichen einige speziell gebrauchte Benennungen für Weiß (1.2.2), Rot (1.3.2) und Gelb (1.4.2) sowie Bezeichnungen für Braun (1.6), Grau (1.7) und Bunt (1.8). Die Vielzahl der Tierfarben hängt damit zusammen, dass der Lebensunterhalt der Jakuten vornehmlich auf Jagd und Viehzucht beruht und folglich eine Differenzierung nach Farben bzw. Farbnuancen unerlässlich ist.

Unter Tierabzeichen sind keine Scheckungen zu verstehen, sondern flecken- bzw. streifenförmige weiße oder schwarze Haarstellen auf andersfarbigem Grund, und zwar meist am Kopf, auf dem Rücken und an den Beinen. Zu den Abzeichen gehören außerdem die mit 'gestiefelt' oder 'bestrumpft' erfassten weißen Partien im unteren Beinbereich. Abgesehen von pelzwirtschaftlichen Belangen kommt den Abzeichen insbesondere bei der Herdenhaltung eine große Bedeutung zu, da sie in Verbindung mit der Farbe eine exakte Bestimmung der einzelnen Tiere ermöglichen.

2.1 Für verschiedenartige Tiere gebrauchte Farbbezeichnungen und Abzeichen

2.1.1 Für verschiedenartige Tiere gebrauchte Farbbezeichnungen

Die angeführten Farbbenennungen können generell auf Tiere (einschließlich der Pferde, Rinder und Rentiere) angewendet werden oder nur für ein bestimmtes Tier verbindlich sein; sie lassen sich teilweise auch auf menschliches Haar beziehen sowie auf unbelebte Dinge, die eine ähnliche Färbung oder Musterung haben. Manche Begriffe werden in übertragener Bedeutung gebraucht, und zwar im Hinblick auf eine unbeständige Wetterlage.

ala — bunt, scheckig, weißgestreift, weißgefleckt, weißgetüpfelt, mit weißen Flanken.

Belege: JaDW 10 *ala* 'scheckig (von Pferden)'; Pek 62 *ala* 'belobokij, belopolosatyj, v belyx polosax poperek tulovišča (o rogatom skote i voobšče o životnom), pelesovatyj, pestryj, pegij'; JaRS 36 *ala* 'pegij, pjatnistyj, s belymi polosami, pjatnami (o masti životnyx i ptic)'; DSJaJa 43 Tatt., Tokk. *ala* 'pegij – o masti lošadi'; Jak 21 *ala* 'scheckig (Rind, Pferd), getüpfelt, gesprenkelt (Vogel)'.

Mit *ala* wird eine weiße Streifung, Fleckung oder Scheckung auf dem Fell bzw. dem Gefieder eines Tieres beschrieben. Der Sterntaucher hat auf dem Rücken und am Hals weiße Tüpfel, der Meeradler an den Flügelansätzen keilförmige weiße Flecke. Die braunen Seeadler bekommen im Alter einen grauweißen Kopf sowie einen schneeweißen Schwanz; Elstern sind schwarzweiß gescheckt. Für ein rotbraunes Pferd mit weißen Stellen an den Flanken sind die Pferdefarben *kïhïl ala* und *kugas ala* gebräuchlich, während *kïtalïk ala* ein rotbraunes Pferd mit weißbestrumpften Beinen kennzeichnet (s. 2.2.1).

♦ *ala at* 'scheckiges Pferd' (Pek 62 *ala at* 'pegij kon'') | *ala ïnax* 'Kuh mit weißen Flanken' (JaRS 36 *ala ynax* 'belobokaja korova') | *ala kuturuktaax ïnax* 'Kuh mit buntem Schwanz' (Pek 62 *ala kuturuktāx ynax* 'korova s pestrym xvostom') | *ala tüülääx* 'Vögel', wrtl.: mit bunten Federn (Pek 62 *ala tǖlǟx* 'pestroperyja, t.e. pticy') | *ala kuoγas* 'Sterntaucher', wrtl.: gefleckter Taucher (DSJaJa 43 Abyj. *ala kuoġas* 'raznovidnost' gagar') | *ala bülgün kïïl* 'Meeradler', wrtl.: gefleckte Schultern-Vogel (Pek 583 *ala bülgün kȳl* 'morskoj orel') | *ala xotoy* 'Seeadler', wrtl.: gescheckter Adler (RJaS 371 *ala xotoj* 'orlan') | *ala turaax* 'Elster', wrtl.: gescheckte Krähe (Pek 2841 *ala turāx* 'soroka').

Nach Laude-Cirtautas (1961: 70–76) bedeutet *ala* in Bezug auf Tiere 'grau' oder 'rötlichbraun, rotbraun'; die dafür angeführten Belege beziehen sich jedoch stets auf eine Streifung, Scheckung oder Fleckung, wie u.a. die beiden folgenden Beispiele zeigen. Kāšγarī übersetzt *ala at* nicht mit 'graues Pferd', sondern mit 'getüpfeltes Pferd' (DLT 53 *ala at* 'al-arqaṭ mina l-ḫail'), und in dem von *ala* abgeleiteten lebedinischen Tiernamen *alaš* hat *ala* keineswegs die Bedeutung 'rotbraun', da *alaš* das scheckige Rentier (r. *olen'*) und nicht den Rothirsch (r. *maral, izjubr*) benennt. In Pflanzennamen steht *ala* gleichfalls für eine bestimmte Musterung; mit aserbaidschanisch *ala yonğa* wird der Wiesenklee als 'weißgefleckter Klee' umschrieben und mit türkeitürkisch *ala baş* der Kohlrabi als 'gestreifter Kopf', denn sein knollenartig verdickter Stengel ist teilweise von den Blattstielen überwachsen.

Zu *ala* im Sinne von 'bunt' merkt Laude-Cirtautas an, dass Grau als eine aus Schwarz und Weiß zusammengesetzte Farbe empfunden wird und diese Mehrfarbigkeit dazu geführt hat, dass Grau soviel wie Bunt bedeuten kann und Bunt infolgedessen mit Schwarz-Weiß identisch ist. Ihre Feststellung dürfte jedoch kaum zutreffen, da Grau sich als ein Ineinander von Schwarz und Weiß versteht, Bunt hingegen als ein Nebeneinander von Schwarz und Weiß oder von anderen Farben. Wie in vielen Türksprachen lässt sich *ala* auch im Jakutischen auf unbelebte Dinge übertragen, wenn sie den mit *ala* verknüpften Vorstellungen entsprechen, z.B. auf eine Hütte, deren Wände durch das Gefüge der Balken gestreift erscheinen, oder auf einen mit Wasser und Schlamm vermischten Schneesturm.

♦ *ala balaγan* 'Hütte, deren Wände oben und unten aus waagrechten, in der Mitte jedoch aus senkrechten Balken bestehen', wrtl.: gestreifte Hütte (DSJaJa 43 M-K. *ala balaġan* 'izba, steny kotoroj vnizu i naverxu sostojat iz gorizontal'nyx, a poseridine iz vertikal'nyx breven') | *ala ǰühünnääx bïlït* 'streifige Wolke' (Pek 62 *ala djüsünnāx bylyt* 'polosatoe oblako') | *ala buryaa* 'scheckiger Schneesturm' (Pek 566 *ala burġā* 'burja').

In der scherzhaften Redewendung *ala kulunu töröt-* 'stark frieren', wrtl.: ein geflecktes Fohlen werfen (JaRS 36 *ala kulunu töröt-* 'sil'no mërznut' [preimuščestvenno noč'ju, vo sne]') ist mit *ala kulun* ein im zeitigen Frühjahr geborenes Fohlen gemeint, das vor Kälte zittert, weil sich Rauhreif auf seinem Fell festgesetzt hat. Der metaphorische Gebrauch von *ala* zur Kennzeichnung eines heuchlerischen Menschen (s. Clauson 1972: 126 *a:la:* lit. 'parti-coloured ...'; hence metaph. 'hypocritical, treacherous', and the like) ist im Jakutischen nicht belegbar.

älämäs — bunt, scheckig, gestreift, gefleckt.

Belege: JaDW 18 *älämäs* 'scheckig (von Pferden)'; Pek 242 *älämäs* 'pegij, peganyj (o lošadjax), pestryj (o rogatom skote)'; JaRS 539 *ėlėmės* 'pegij, pjatnistyj, pëstryj'; Jak 211 *älämäs* 'fleckig, gefleckt, gesprenkelt (Pferd, Rentier)'.

Pekarskij verweist von *älämäs* auf *ala*; falls zwischen den beiden Begriffen ein Zusammenhang besteht, verbindet sich mit *älämäs* eine Bedeutungserweiterung von *ala*, denn *älämäs* erfasst sowohl eine weiße als auch eine dunkle Streifung, Fleckung oder Scheckung. Auf entsprechende Musterungen beziehen sich die Pferdefarben *äräbädäy älämäs*, *kärä älämäs*, *küöx älämäs*, *timir älämäs*, *turayas älämäs*, *ulaan älämäs* (s. 2.2.1) und das Pferde- und Rinderabzeichen *älämäs ataxtaax* (s. 2.4.2).

♦ *älämäs biä* 'scheckige Stute' (JaRS 539 *ėlėmės biė* 'pegaja kobyla') | *älämäs ït* 'gescheckter Hund' (Pek 242 *älämäs yt* 'rjabaja sobaka') | *älämäs kïïl* 'gestreiftes Tier [Tiger, Schlange, Drache]' (Pek 242 *älämäs kȳl* 'voobšče polosatyj zver' [tigr, zmej, drakon]') | *älämäs atax* 'Kriebelmücken', wrtl.: gestreifte Beine (DSJaJa 319 Abyj., Tatt., U-Jan., Verx. *ėlėmės atax* 'moška, moškara').

Die Tierfarbe *älämäs* kann außerdem zur Beschreibung einer Wolke dienen; dies setzt voraus, dass das Wolkengebilde einem Fell ähnelt, vgl. *bïlït tiriitä* 'Schäfchenwolke', wrtl.: Wolkenfell (Pek 2682 *bylyt tirītä* 'peristo-sloistyja oblaka').

♦ *älämäs bïlït* 'gefleckte Wolke' (Pek 242 *älämäs bylyt* 'peganoe oblako').

In sekundärer Bedeutung benennt *älämäs* eine Krankheit, bei der sich auf der Haut weiße und gelbe Flecke von unterschiedlicher Größe und Form bilden (Pek 242 *älämäs* 'osobaja bolezn', sostojaščaja v tom, čto u zabolevšago pojavljajutsja na kože [inogda po vsemu telu, ne isključaja i lica] belyja i želtyja pjatna raznoj veličiny i vida').

äriän — bunt, gestreift, gefleckt, getüpfelt; < mong. *erijen* 'gefleckt, getüpfelt' (Kałużyński 1961: 33).

Belege: JaDW 17 *äriän* 'bunt'; Pek 298 *äriän* 'pestryj'; JaRS 545 *ėriėn* 'pëstryj'; Jak 213 *äriän* 'bunt, verschiedenfarbig'.

Verbale Weiterbildung: **äriännää-** 'bunt färben, bunt machen' (Pek 299 *äriännä-* [ot *ärián*] 'pestrit', delat' pestrotu').

Mit *äriän* werden Musterungen beschrieben, die durch den Wechsel von hellen und dunklen Farben das Fell oder Gefieder bunt erscheinen lassen. In diesem Sinne sind die Rinderfarben *bayaraax äriän* ~ *bayarax äriän*, *xara äriän*, *iäǰägäy äriän*, *kugas äriän*, *küöx äriän* und *kürüŋ äriän* gebräuchlich (s. 2.3.1). Bei Luchsen ist das Fell häufig mit dunklen Flecken und Ringen bedeckt; die grauen Blässgänse haben am Bauch querverlaufende schwarze Flecke. Der Birkhahn trägt ein schwarzes, die Birkhenne aber ein von schwarzen Flecken und Querwellen durchzogenes rostbraunes Federkleid. Im Winter behält das Haselhuhn sein mit dunklen Streifchen und Flecken übersätes bräunliches Gefieder bei, während das ähnliche Schneehuhn zu dieser Zeit weiß ist.

♦ *äriän ïnax* 'bunte Kuh' (Pek 298 *äriän ynax* 'pestraja korova') | *äriän kïïl* 'Luchs', wrtl.: geflecktes Tier (DSJaJa 322 Sakk. *ėriėn kyyl* 'rys'') | *äriän tüülääx* 'Vögel', wrtl.: mit bunten Federn (Pek 298 *äriän tǖlǟx* 'pestro-peryja, t.e. pticy') | *äriän tüös* 'Blässgans', wrtl.: gefleckte Brust (DSJaJa 322 V-Kol., V-Vil. *ėriėn tüös* 'belolobyj gus'') | *äriän ular* 'Birkhenne', wrtl.: buntes Birkhuhn (Pek 2994 *äriän ular* 'tetërka') | *äriän xabǰï* 'Haselhuhn', wrtl.: buntes Schneehuhn (DSJaJa 322 Sakk. *ėriėn xabd'y* 'rjabčik').

Weiterhin erfasst *äriän* Streifen, Flecke und Tüpfel auf der Haut von Schlangen und Insekten. Marienkäfer haben schwarzgetüpfelte rote Flügeldecken, Hummeln einen pelzig behaarten Leib mit breiter Streifung.

♦ *äriän üön* 'Schlange', wrtl.: bunter Wurm (Pek 3144 *äriän üön* 'zmeja') | *äriän xomurduos* 'Marienkäfer', wrtl.: getüpfelter Käfer (Pek 298 *äriän xomurduos* 'bož'ja korovka') | *äriän ïŋïrïa* 'Hummel', wrtl.: gestreifte Biene (DSJaJa 322 Olek., U-Ald. *ėriėn yṅyrya* 'šmel'') | *äriän atax* 'Kriebelmücken', wrtl.: gestreifte Beine (DSJaJa 322 Abyj. *ėriėn atax* 'moška, moškara').

Außerdem kann *äriän* auf Speck angewendet werden; die Speckschicht entlang der Brusthöhle des Pferdes qualifiziert man mit *äriän*, wenn sie den niedrigsten Grad von Verfettung zeigt, also durchwachsen ist, mit *ürüŋ* hingegen, wenn sie einen hohen Grad von Verfettung hat, nämlich aus reinem Speck besteht.

♦ *äriän taraha* 'bunter Brustspeck' (Pek 2567 *äriän tarasa* 'pestryj pokrov – nizšaja stepen'').

In übertragener Bedeutung wird *äriän* für 'unbeständig, veränderlich' benutzt (JaRS 545 *ėriėn* 'peremenčivyj, nepostojannyj').

♦ *äriän kün* 'unbeständiges Wetter', wrtl.: unbeständiger Tag (JaRS 545 *ėriėn kün* 'peremennaja pogoda').

äriän-buraan ~ **äriän-buran** ~ **äriän-bïraan** — scheckig, bunt, ein wenig bunt.

Belege: Pek 298 *äriän-buran* ~ 565 *äriän-byrān* 'raznošerstnyj, pestryj, pestrovatyj'; JaRS 545 *ėriėn-buraan* 'raznošërstnyj'.

Falls *buraan* auf *buray-* 'durcheinanderwerfen' zurückgeht, dürfte es sich bei *äriän-buraan* um ein Paarwort handeln, bei dem zwei sinnverwandte Begriffe einander zugeordnet sind. Von 'bunt' ergibt sich ein Bedeutungsübergang zu 'verschiedenartig' (Pek 298 *äriän-buran* 'raznovidnyj'; JaRS 545 *ėriėn-buraan* 'raznorodnyj'); mit *äriän-buraan* kann daher zudem eine wechselnde Wetterlage beschrieben werden.

♦ *äriän-buran kün* 'Tag mit unbeständigem Wetter', wrtl.: verschiedenartiger Tag (Pek 298 *äriän-buran kün* 'den' s peremennoj pogodoj').

čaalay — grau; < r. *čalyj* 'grau'.

Belege: Pek 3558 *čālai* [russk. *čalyj*] 'goluboj'; JaRS 505 *čaalaj* 'goluboj'.

Der Farbbegriff *čaalay* leitet sich über r. *čalyj* von dem in vielen Türksprachen als Tier- bzw. Haarfarbe belegten *čal* 'grau, mit gemischten Haaren' her (s. Laude-Cirtautas 1961: 97 s.v. *čal*, Vasmer 1958: 301 s.v. *čalyj*). Im Sibirisch-Russischen kommt *goluboj* 'himmelblau' in Bezug auf Tiere die Bedeutung 'aschgrau, bläulichgrau, weißlich rauchgrau' zu. Das Jakuten-Pferd (r. *golubaja lošad'*), eine besondere sibirische Pferderasse, hat ein hell-, dunkel- oder mausgraues Fell mit einem nach Hellviolett gehenden Schimmer. Ein mit *čaalay* gekennzeichnetes Eichhörnchen trägt den als Feh bekannten bläulichgrauen Winterpelz. Bei einem verschossenen Feuerwieselfell steht *čaalay* für 'ausgebleicht', wie dies auch bei *sur* (s. unten) und anderen Benennungen für graue Nuancen der Fall sein kann (s. 1.7).

♦ *čaalay tiiŋ* 'graues Eichhörnchen' (Pek 3558 *čālai tīṅ* 'golubaja belka') | *čaalay soloŋdo* 'graues Feuerwieselfell' (Pek 3558 *čālai soloṅdo* 'goluboj kolonok, vycvetšaja xor'kovaka škurka').

Mit **küöx čaalay** (JaRS 505 *küöx čaalaj* 'svetlo-goluboj') wird das Hellblau des Himmels sehr treffend als blaugrau eingestuft, denn diese Tönung geht oft von Blau nach Grau über.

♦ *küöx čaalay xallaan* 'hellblauer [blaugrauer] Himmel' (JaRS 505 *küöx čaalaj xallaan* 'svetlo-goluboe nebo').

čakïr — weiß, rein weiß, weißgefleckt.

Belege: Pek 3557 *čakyr* 'soveršenno belyj; životnoe sploš' odinako beloe'; JaRS 507 *čakyr* 'belyj (o masti lošadi)'; Jak 200 *čakïr* 'aschgrau (Nase, Huf, Horn der Kuh)'.

Der Begriff *čakïr* bezieht sich bei Pferden auf Schimmel mit rein weißem Fell; im Hinblick auf Rinder zeigt *čakïr* ein Flotzmaul an, d.h. ein Maul, bei dem der feuchte Teil der Nase weiß ist, sowie hellgeränderte oder hellgefleckte Klauen und hellgesprenkelte Hörner. Beim Felsenauerhahn verweist *čakïr* auf die weißen Flecke an Rücken, Flügeln und Schwanz.

♦ *čakïr at* 'Schimmel', wrtl.: weißes Pferd (JaRS 507 *čakyr at* 'belaja lošad'') | *čakïr ular* 'Felsenauerhahn', wrtl.: weißgefleckter Auerhahn (Pek 2994 *čakyr ular* 'gluxoj teterev, gluxar'').

Von anderen Türkvölkern wird *čaŋqïr* ~ *čaqïr* vorwiegend auf blassblaue, graublaue oder graue Augen angewendet, und zwar bei Menschen sowie Pferden und Rindern (s. Laude-Cirtautas 1961: 98–99 s.v. *čaŋqïr*, *čaqïr* und Clauson 1972: 409 *çakır* 'blue, blue-grey' prob. originally of the eyes, later used more generally). Die Jakuten benutzen *čakïr* jedoch ausschließlich als Tierfarbe, und das lässt vermuten, dass *čakïr* in der Bedeutung 'weiß, rein weiß, weißgefleckt' eine Entlehnung von mong. *čakir* 'rein weiß, weiße Flecke an Beinen oder Flügeln' ist. Eine helle bzw. weißliche Augenfarbe wird im Jakutischen mit *čakïrïas* beschrieben (s. 1.2.2), das eine Weiterbildung von *čakïr* oder von mong. *čakir* im Sinne von 'weiß-, helläugig' sein kann.

xara ǰaγïl — schwarz mit Flecken auf den Schulterblättern (beim Adler).

Beleg: Pek 770 *xara čaġyl* 'černopegij (v černyx pjatnax)'.

Synonym: *or ǰaγïl*.

Mit *xara ǰaγïl* wird der Steinadler benannt, denn *Kara-tschágyl* ist bei Pallas (1811: 339) als 'Aquila nobilis' definiert; vgl. Pek 3330 *xara čaġyl* 'černyj bol'šoj orel'. Der schwarzbraune Steinadler hat am Flügelansatz ein helles Band, auf dem sich bei entfalteten Flügeln dunkle Flecke abzeichnen.

♦ *xara ǰaγïl xotoγ* 'schwarzer Adler mit Flecken auf den Schulterblättern' (Pek 770 *xara čaġyl xotoi* 'černopegij [v černyx pjatnax] orel').

Primär versteht sich *ǰaγïl* 'mit Flecken auf den Schulterblättern' als ein Pferdeabzeichen (s. 2.2.2), das für die Pferdefarbe *xara ǰaγïl* (s. 2.2.1) verbindlich ist.

xoŋor — gelblich, isabellfarben, grau, graubraun, zimtbraun; < mong. *qonggor* 'gelblichbraun [von Pferden]' (Doerfer 1995: 222).

Belege: Pek 3489 *xoṅor* 'želtovatyj'; JaRS 498 *xoṅor* 'solovyj (o masti lošadi), koričnevyj'; Jak 197 *xoŋor* 'zimtfarben, rötlich'.

Laude-Cirtautas (1961: 100–101) merkt an, dass der in vielen Türksprachen belegte Farbbegriff *qoŋγur* ~ *qoŋur* ursprünglich eine graugelblich braune Nuance vertreten zu haben scheint, da er bei Tieren häufig zur Wiedergabe von braunen, gelben und grauen Farbtönen dient. Ebenso wird *xoŋor* gebraucht; ein isabellfarbenes Pferd ist graugelb bis gelblich graubraun, und auf das Gefieder von Vögeln bezogen erfasst *xoŋor* graue oder graubraune Tönungen. Der Morinellregenpfeifer hat einen bläulich dunkelgrauen, der Alpen-Strandläufer hingegen einen rauchgrauen Rücken; bei der Saatgans ist das Federkleid graubraun und beim gemeinen Kranich aschgrau.

♦ *xoŋor biä* 'isabellfarbene Stute' (Pek 3490 *xoṅor biä* 'solovaja kobyla') | *xoŋor čïrïp* 'Morinellregenpfeifer', wrtl.: grauer *čïrïp* (Pek 3728 *xoṅor čyryp* 'polevoj petušok') | *xoŋor čïrïp* 'Alpen-Strandläufer' (DSJaJa 291 Abyj., Bul., Sakk. *xoṅor čyryp* 'kulik-černozobik') | *xoŋor xaas* 'Saatgans', wrtl.: graubraune Gans (Pek 3490 *xoṅor xās* 'gus' gumennik') | *xoŋor turuya* 'Grauer Kranich' (DSJaJa 291 Njurb. *xoṅor turuja* 'seryj žuravl'').

Die Tierfarbe *xoŋor* kann außerdem auf leblose Dinge angewendet werden, nach Laude-Cirtautas nicht eindeutig geklärt, s. aber Clauson 1972: 639 *koŋur* (*koŋor*) originally of a horse's coat 'dark, chestnut' or the like; later used for a rather wider range of colours of a wider range of objects, e.g. fabrics.

♦ *xoŋor köstüüm* 'zimtbraunes Kostüm' (JaRS 498 *xoṅor köstüüm* 'koričnevyj kostjum').

kirgillääx — mit hellen Streifen auf dunklem Grund, grau meliert.

Belege: Pek 1101 *kirgillǟx* 'so svetlymi polosami na temnom fone, s prosed'ju'; Jak 80 *kirgillääx* 'grau melierte Brust bei Pelztieren'.

Der Ausdruck *kirgil* 'svetlyja polosy na temnom fone, prosed'' ist mit dem bei vielen Türkvölkern gebräuchlichen *qïrqïl* ~ *qïryïl* identisch, einer nominalen Weiterbildung von *qïr* 'grau' (s. Laude-Cirtautas 1961: 93–95 s.v. *qïr* und Clauson 1972: 654 *kırğıl* 'grey-haired, turning grey', Den. N./A. in *-ğıl* [associated with colours] fr. *kır*). Wie *qïr* bzw. *qïrqïl* ~ *qïryïl* benutzt man auch *kirgil* vornehmlich als Tier- und Haarfarbe. Das schwarzbraune Fell mancher Zobel ist von weißen Haaren durchzogen, so dass es grau meliert erscheint; derselbe Eindruck entsteht bei einem Biberpelz mit hellglänzenden Grannen.

♦ *kirgilläāx kiis* 'Zobel mit hellen Streifen auf dunklem Grund' (Pek 1101 *kirgillǟx kīs* 'sobol' so svetlymi polosami na temnom fone, polosatyj sobol', s prosed'ju') | *kirgilläāx buobra bärgähä* 'Mütze aus grau meliertem Biberpelz' (Pek 1101 *kirgillǟx buobra bärgäsä* 'bobrovaja s prosed'ju šapka') | *kirgilläāx simïït* 'hellgesprenkeltes Vogelei' (Pek 1101 *kirgillǟx symȳt* 'cvetnoe jajco').

Da mit *kirgilläāx* zugleich ein hochwertiger Pelz gekennzeichnet wird, kann der Begriff in übertragenem Sinne einen Menschen charakterisieren, dessen besseres Aussehen ihn von seinen Mitmenschen abhebt (Pek 1102 *kisi kirgillǟġä čüsünnǟx buolta* 'sdelalsja on, po naružnomu vidu, lučšim iz ljudej').

kïrïmaxtaax — mit weißen Tüpfeln.

Beleg: JaRS 211 *kyrymaxtaax* 's belymi krapinkami'.

In eigentlicher Bedeutung benennt *kirïmax* den ersten feinen Schnee im Herbst (JaRS 211 *kyrymax* 'pervyj melkij osennij sneg'). Beim Silberfuchs bezieht sich *kirïmaxtaax* auf die weißbespitzten Grannen, die das schwärzliche Fell weiß getüpfelt erscheinen lassen; beim Schwarzfuchs sind die Grannen völlig schwarz.

♦ *kirïmaxtaax xara sahïl* 'Silberfuchs', wrtl.: Schwarzfuchs mit weißen Tüpfeln (JaRS 211 *kyrymaxtaax xara sahyl* 'serebristo-čërnaja lisica').

kugas — rotbraun, gelb.

Belege: JaDW 69 *kugas* 'fuchsroth'; Pek 1191 *kugas* 'ryžij, krasnyj (bol'še otnositsja k masti životnyx), želtyj cvetom'; JaRS 185 *kugas* 'ryžij, krasno-buryj (obyčno o masti životnogo, cvete volos)'; DSJaJa 119 Tatt., Tokk., Verx. *kugas* 'ryžij – o masti lošadi'; Jak 87 *kugas* 'braun'.

Nominale Weiterbildung: **kugastïŋï** 'rötlichbraun, zimtbraun [bei Pferde- und Rindernieren]' (Pek 1191 *kugastyṅy* [ot *kugas* + *tyṅy*] 'ryževatyj, koričnevyj [o cvete skotskix poček]'; JaRS 185 *kugastyṅy* 'ryževatyj').

Steigerungsform: **aǰas kugas** 'ganz rotbraun, ganz gelb' (Pek 31 *aċas kugas* 'soveršenno želtyj, soveršenno ryžij').

Im Allgemeinen kennzeichnet *kugas* ein rotbraunes Fell oder Gefieder, beim Feuerwiesel sowie bei der dichtbehaarten Kotfliege jedoch eine gelbe Tönung.

♦ *kugas ïnax* 'rotbraune Kuh' (Pek 1191 *kugas ynax* 'ryžaja korova') | *kugas sïlgï* 'rotbraune Pferde' (Pek 1191 *kugas sylgy* 'ryžaja konnaja skotina') | *kugas sahïl* 'Birkenfuchs', wrtl.: rotbrauner Fuchs (Pek 2120 *kugas sasyl* 'ognëvka') | *kugas kïïl* 'Feuerwiesel', wrtl.: gelbes Tier (DSJaJa 120 Njurb. *kugas kyyl* 'kolonok') | *kugas bas* 'Pfeifente', wrtl.: rotbrauner Kopf (Pek 1191 *kugas bas* 'svišč'') | *kugas čarčïgïnïar* 'Rostflügeldrossel', wrtl.: rotbraune Drossel (Pek 3584 *kugas čarčygynyar* 'Turdus Naumanni') | *kugas ïam bïrdax* 'Kotfliege', wrtl.: gelbe Maifliege (Pek 623 *kugas yam byrdax* 'želtye komary, ne kuslivye, plodjaščiesja na navoznyx kučax').

Die Pferdefarben *čümäči kugas*, *xaɣdaŋ kugas*, *ǰäbin kugas*, *kugas ala*, *kuočay kugas*, *sahïlïmtïa kugas*, *tïmtïk kugas*, *tuos kugas* (s. 2.2.1) und ebenso die Rinderfarben *kugas äriän*, *kugas saaǰaɣay* (s. 2.3.1) erfassen teils rotbraune, teils gelbe Nuancen. Mittels eines Vergleichsobjekts wird eine Intensivierung von *kugas* erzielt: **uot kugas** 'rotbraun wie Feuer' (JaRS 440 *uot kugas* 'ognenno-ryžij'). Zudem lässt sich *kugas* auf das menschliche Haar und – in Assoziation mit einem Fell – auf die Rinde von Bäumen oder Sträuchern sowie auf eine wie behaart aussehende Seggenähre anwenden.

♦ *kugas battax* 'rotbraune Haare' (JaRS 185 *kugas battax* 'ryžie volosy') | *kugas xatïrïk* 'gelbe Rinde' (Pek 1191 *kugas xatyryk* 'želtaja kora') | *kugas ïnax tüütä* 'eine Seggen-Art, Carex duriuscula', wrtl.: rotbraunes Kuhfell (DSJaJa 377 Čur. *kugas ynax tüütė* 'osoka tverdovataja').

küörd ~ küört ~ küöt — gelblichgrau wie ein Wolf (bei Hunden).

Belege: JaDW 72 *küörd* 'gelb mit einem schwarzen Schein (von Hunden)'; Pek 1320 *küört ~ küöt* 'želtyj s černym ottenkom, želtovatyj, seryj, cvetom poxožij na volka (o sobakax)'; JaRS 199 *küört* 'želtovato-seryj (s čërnym ottenkom)'; Jak 95 *küört* 'gelbbraun wie Wolf'.

Tundrawölfe sind gelblichgrau, ihre in den Wäldern heimischen Artgenossen hingegen graubraun.

♦ *börö kurduk küört ït* 'ein Hund so gelblichgrau wie ein Wolf' (JaRS 199 *börö kurduk küört yt* 'želtovatoseraja, kak volk, sobaka').

moγol ~ moγul — rötlichbraun.

Beleg: DSJaJa 159 Olek. *moġol ~ moġul* 'ryžij'.

Im jakutischen Text ist *moγol ~ moγul* mit 'kugas' erklärt, einer Tierfarbe, die für ein gelbes oder rotbraunes Fell gebraucht werden kann (s. oben). Wenn man *moγol ~ moγul* im Sinne von 'nach mongolischer Art' interpretiert, könnte der Ausdruck auf die ledergelbe, mitunter rötlichgetönte Haut der Mongolen anspielen und infolgedessen eine ungewöhnliche Nuance von *kugas* wiedergeben. Als Pferdefarbe kennzeichnet *moγol ~ moγul* in derselben Region einen Rappen (s. 2.2.1).

obuluoŋka — dunkelgrau meliert (beim Fuchs).

Beleg: DSJaJa 182 S-Kol. *obuluoṅka* 'temnoseryj, černyj s prosed'ju, sivoduščatyj'.

Der Brandfuchs ist an Bauch und Schwanzspitze dunkelgrau, manchmal mit hellbespitzten Grannen. Diese besondere Fellfärbung wird auch mit den russischen Lehnwörtern *buuraŋxay* und *buuray* 'graubraun' erfasst (s. 1.6).

♦ *obuluoŋka sahïl* 'Brandfuchs', wrtl.: dunkelgrau melierter Fuchs (DSJaJa 182 S-Kol. *obuluoṅka sahyl* 'sivoduška').

or ǰaγïl — schwarz mit Flecken auf den Schulterblättern (beim Adler).

Beleg: Pek 1860 *or ċaġyl* 'černopegij (ob orle)'.

Synonym: *xara ǰaγïl*.

Nach Laude-Cirtautas (1961: 109–110 s.v. *ar*) vertritt *or* bei Tieren eine zwischen Grau und Rötlichbraun bzw. Rötlichgelb liegende Farbnuance. Clauson (1972: 192) merkt zu *o:r* an: "a word used to describe the colour of an animal's coat, the meaning varying from language to language". Im Jakutischen ist *or* nur in Verbindung mit *ǰaγïl* belegt; da das Pferdeabzeichen *ǰaγïl* speziell eine Fleckung auf den Schulterblättern erfasst (s. 2.2.2), dürfte sich *or ǰaγïl* auf den Steinadler beziehen, denn sein schwarzbraunes Gefieder hat an den Flügelansätzen einen von dunklen Flecken durchzogenen hellen Streifen.

sur — grau.

Belege: JaDW 170 *sur* 'schieferfarben (von Pferden)'; Pek 2359 *sur* 'bol'šeju častiju o lošadjax: seryj (s različnymi ottenkami); JaRS 344 *sur* 'seryj, buryj (o masti životnyx)'; Jak 147 *sur* 'schieferfarben (Pferde)'.

Nominale Weiterbildung: **surduŋu** 'gräulich, teilweise grau, mausgrau' (Pek 2365 *surduńu* [ot *sur* + *duńu*] 'čast'ju seryj, serovatyj'; JaRS 345 *surduńu* 'myšino-seryj, myšastyj [o masti lošadi]').

Laude-Cirtautas (1961: 111 s.v. *sur*) verweist auf teleutisch und toboltatarisch *sur* 'blaugrau'; ansonsten führt sie lediglich kirgisische Belege an. Nach diesen Zitaten wird *sur* im Sinne von 'grau, blaugrau' auf Tiere und Wolken angewendet, kann aber zudem die braune Haut eines Menschen kennzeichnen. Im Jakutischen scheint *sur* nur eine Tierfarbe zu sein; bei Pferden steht *sur* für schieferfarbene, aschgraue, blaugraue, graubraune, falbe und isabellfarbene Nuancen. Waldwölfe unterscheiden sich durch ihre graubraune Färbung von den gelblichgrauen Tundrawölfen; der Eisfuchs hat ein bräunliches, am Bauch weißgraues Sommerfell, mancher Zobel einen grau melierten Pelz. Das weiße Winterfell des Hermelins bekommt zu Frühjahrsbeginn eine unschöne gelbliche Tönung, so dass es wie verschossen wirkt; eine solche Schattierung kann mit *sur* oder *čaalay* (s. oben) und anderen Benennungen für 'grau' umschrieben werden (s. 1.7).

♦ *sur at* 'graues Pferd' (Pek 2359 *sur at* 'seryj kon', čaloj masti, šifernoj [ili goluboj] masti, pepel'nago [pepel'no-serago] cveta; bulanyj, buryj, solovyj') | *sur börö* 'grauer Wolf' (Pek 2359 *sur börö* 'seryj volk') | *sur kïrsa* 'Eisfuchs im Sommerfell', wrtl.: grauer Eisfuchs (DSJaJa 216 Bul. *sur kyrsa* 'letnij pesec') | *sur kiis* 'grauer Zobel' (Pek 2359 *sur kīs* 'seryj sobol'') | *sur kïrïnaas* 'graues Hermelin' (Pek 2359 *sur kyrynās* 'seryj [goluboj] gornostaj') | *sur kutuyax* 'graue Maus' (Pek 2359 *sur kutujax* 'seraja [buraja, čalaja] myš'').

Die Pferdefarbe *sur ǰayïl* bezieht sich auf ein graues Fell mit dunklen Flecken an den Schultern, während *surduŋu kärä* und *surtaax* den für weißgeborene Schimmel mit dunkler Grundfarbe und stark hervortretenden weißen Haaren typischen gräulichen Schimmer vermitteln (s. 2.2.1). Nach Kőhalmi (1966: 54) gibt es im Mandschu einige Pferdefarbenbenennungen, die zwar Entsprechungen im Türkischen, nicht jedoch im Mongolischen haben. Dazu gehört *suru*, das mandschurische Pendant zu *sur*; man wendet es wie *surduŋu kärä* und *surtaax* auf Schimmel an – *suru morin* 'lošad' [belaja]' (Cincius 1977: 131).

suummatax — gräulich-dunkel.

Beleg: DSJaJa 216 V-Kol. *suummatax* 'serovato-temnyj – o masti životnyx'.

Da im jakutischen Text *suummatax* mit 'kölöhünnääx öŋnööx' (schmutzfarben) erklärt wird, könnte ein Zusammenhang mit *suummaxtaa-* 'sich schleunigst waschen' bestehen und *suummatax* folglich auf ein Fell verweisen, das von seiner Färbung her verschmutzt wirkt, so dass eine Wäsche angebracht zu sein scheint.

tallan — bunt, gestreift.

Beleg: DSJaJa 235 Vil. *tallan* 'pestryj, polosatyj'.

Nominale Weiterbildung: **tallannaax** 'gestreift' (Pek 2541 *tallannāx* [ot *tallan* + *lāx*] 'polosatyj').

Die Belege für *tallan* sind spärlich; eine Erklärung hierfür findet sich in DSJaJa, wo *tallan* als veralteter Dialektausdruck gekennzeichnet ist. Pekarskij und JaRS zitieren *tallan* lediglich in Verbindung mit *kuoγas* bzw. *käyä*, vermeiden aber eine diesbezügliche Definition von *tallan*. Primär wird *tallan* für 'auserlesen' gebraucht (Pek 2540 *tallan* [ot *tal* + *lan*] 'otbornyj'; DSJaJa 234 Mom. *tallan* 'samyj lučšij, otbornyj'). Als Farbbegriff könnte *tallan* daher eine exquisite Musterung bezeichnen, und zwar auf dem Rücken, in Entsprechung zu der Pferdefarbe *tallannaax kurbuhaxtaax* 'mit gestreifter Kruppe' (s. 2.2.1). Der Prachttaucher hat einen mit weißen Querstreifchen bedeckten schwarzen Rücken, und der Grauwürger ist wie der Kuckuck auf dem Rücken grau, auf den Flügeln jedoch mit streifenartigen weißen Einsprengseln verziert.

♦ *tallan kuoγas* 'Prachttaucher', wrtl.: gestreifter Taucher (Pek 2541 *tallan kuoġas* 'gagara polosataja') | *tallan käyä* 'Grauwürger', wrtl.: gestreifter Kuckuck (JaRS 373 *tallan kėġė* 'sorokoput seryj').

taraax — gestreift, verschiedenfarbig.

Beleg: Pek 2568 *tarāx* 'pojas (poperečnyja polosy i poloski na životnyx i nasekomyx); polosatyj, raznocvetnyj'.

Mit *taraax*, in primärer Bedeutung 'Kamm' (Pek 2568 *tarāx* 'greben', grebenka, grebešok'), werden bei Tieren, auch bei Insekten, querverlaufende helle Streifen oder Streifchen erfasst, die an Kammzähne erinnern. Eine solche Zeichnung verbindet sich mit der Rinderfarbe *kugas taraax* (s. 2.3.1) sowie der Pferde- und Rinderfarbe *kürǰügäs taraax* (s. 2.4.1).

♦ *taraax tüŋïraxtaax* '[Stute] mit kammartig gestreiften Hufen' (Pek 2568 *tarāx tyṅyraxtāx* '[kobyla] s kopytami podobno grebnju [pojaščatymi, grebenčatymi]').

taraax äriän — streifig bunt.

Beleg: Pek 2568 *tarāx äriän* 'polosato pestryj'.

2.1.2 Für verschiedenartige Tiere gebrauchte Abzeichen

Die im Folgenden erwähnten Abzeichen sind entweder generell für Tiere – auch für Pferde und Rinder – oder nur für bestimmte Tiere charakteristisch.

börtölööx — mit schwarzen Streifen an den Vorderläufen (bei Wölfen).

Beleg: Pek 525 *börtölō̈x* [ot *börtö*] 's černymi poloskami na perednix lapax'.

Im Jakutischen wird *börtö* 'schwarze Streifen an den Vorderläufen', eine Entlehnung von mong. *börte* 'braungemischt [von Pferden]' (Doerfer 1995: 223), lediglich in Bezug auf Wölfe gebraucht (Pek 525 *börtö* 'černyja poloski na perednix lapax u volka'). Hingegen führt Laude-Cirtautas (1961: 105) *börtü* unter den nur auf Pferde anzuwendenden Farbbezeichnungen an, belegt mit kasachisch *bört(ü)* 'mit gemischten Haaren' und barabinisch *pörtü* 'eine Pferdefarbe'. Vermutlich betrifft *börtü* ein Pferd mit Zebrastreifen, d.h. mit dunklen Streifen an den Vorderbeinen, ein für Falbe typisches Abzeichen.

♦ *börtölööx börö tiriitä* 'Wolfsfell mit schwarzen Streifen an den Vorderläufen' (Pek 525 *börtölō̈x börö tirītä* 'volčura s černymi poloskami na perednix lapax, lučšaja volč'ja škura').

xoboloox — mit weißer Quaste, mit weißer Spitze.

Belege: Pek 3428 *xobolōx* [ot *xobo* + *lāx*] 'po znač. osnovy'; JaRS 491 *xoboloox* 's beloj kistočkoj (na xvoste), s belym končikom (xvosta)'.

Primär benennt man mit *xobo* eine hohle Metallkugel, die kleine Steine enthält und den Weidetieren anstelle eines Glöckchens um den Hals gehängt wird (Pek 3427 *xobo* 'dutyj metalličeskij šar, soderžaščij vnutri malen'kie kameški i privjazyvaemyj k šee skota vmesto kolokol'čika'), sekundär einen kugelförmigen Daunenpüschel am Schwanz von Vögeln oder eine Quaste am Schwanz von Säugetieren (Pek 3428 *xobo* 'puxovyj kruglyj [šaroobraznyj] komok na xvoste pticy, šiška na xvoste zverja').

♦ *kuturugar xoboloox mayan kïïrt oyoto* 'ein weißes Habichtsjunges mit einem Daunenpüschel am Schwanz' (Pek 3428 *kuturugar xobolōx maġan kȳrt oġoto* 'jastrebenok s puxovym kruglym [šaroobraznym] komkom na xvoste').

künnääx — mit einem weißen Fleck (auf der Brust).

Belege: Pek 1302 *künnǟx* 's solncem'; DSJaJa 131 Abyj. *künnėėx* 's belym pjatnom na grudi – o masti lošadi'; Jak 94 *künnääx* 'mit weißem Flecken auf der Brust (Pelztier)'.

Bei Pelztieren, z.B. bei Mardern und Zobeln, bezieht sich *künnääx* (wrtl.: mit einer Sonne) auf einen weißen oder gelblichen Kehlfleck.

♦ *tüöhügär künnääx* ‘mit einem weißen Fleck auf der Brust’ (Pek 1302 *tüösügär künnāx* ‘s solncem [beloj otmetinoj] na grudi’).’

malaannaax ~ **malaan'n'ïktaax** — mit weißem Maul.

Belege: DSJaJa 156 Abyj., Olek., Sunt., S-Kol., Verx., Vil. *malaannaax* ~ Olek. *malaan'n'yktaax* ‘belomordyj’.

Der Ausdruck geht auf mong. *malaan* ‘mit einem weißen Fleck auf der Stirn’ (Kałużyński 1985b: 43) zurück und dürfte eine Fleckung am Maulrand oder an der Nase bezeichnen.

maŋaas ~ **maγaas** — weißköpfig, mit weißer Stirn, mit weißem Maul.

Belege: Pek 1523 *mańās* ‘belogolovyj, belomordyj, belorylyj (o životnyx)’ ~ 1500 *maġās* ‘belogolovyj, belorylyj (o životnyx)’; JaRS 235 *mańaas* ‘belogolovyj, belomordyj (o životnyx)’; Jak 108 *maŋaas* ‘weißköpfig (Farbe des Viehs)’.

Pekarskij verweist von *maŋaas* auf *maŋay-* ‘weiß werden, weiß schimmern’ und den von *maŋay-* abgeleiteten Farbbegriff *maŋan* ‘weiß’.

♦ *maŋaas sïlgï* ‘Pferd mit weißer Stirn’ (Pek 1523 *mańās sylgy* ‘lošad' s belym lbom’) | *maŋaas ïnax* ‘Kuh mit weißem Maul’ (JaRS 235 *mańaas ynax* ‘belomordaja korova’) | *maŋaas turuya* ‘Weißnackenkranich’, wrtl.: weißköpfiger Kranich (DSJaJa 157 Am., Gorn., Njurb., Olek., Sunt. *mańaas turuja* ‘daurskij žuravl'’).

Dieses Abzeichen, das auf einen völlig weißen Kopf, häufig aber nur auf weiße Stellen im Kopfbereich angewendet wird, ist für die Pferdefarben *arayas mayaas*, *küdän maŋaas, küräŋ maŋaas* ~ *küräŋ mayaas* (s. 2.2.1), die Rinderfarbe *xaydaŋ maŋaas* (s. 2.3.1) sowie die Pferde- und Rinderfarben *xara maŋaas* ~ *xara mayaas*, *xardaŋ mayaas* (s. 2.4.1) verbindlich. Mit einer breiten Blässe scheint man auch das von dunklem Haar umrahmte helle Gesicht einer Frau zu assoziieren.

♦ *basïn aŋaara mayaas* ‘mit einem zur Hälfte weißen Kopf [bei Frauen]’ (Pek 1500 *basyn aňāra maġās* ‘s golovoj napolovinu beloj [o ženščine]’).

mooytoruktaax ~ **moyturuktaax** — mit einem weißen Streifen um den Hals.

Belege: Pek 1584 *moitoruktāx* ‘ot *moituruk* + *lāx*’; JaRS 241 *moojtoruktaax* ‘s beloj polosoj vokrug šei (obyčno u sobake)’.

Synonyme: *moybordoox*, *moymordoox*.

In eigentlicher Bedeutung bezeichnet *mooytoruk* einen um Hals und Kinn gebundenen Fellschal oder ein Halsband aus Eichhörnchenschwänzen (Pek 1583 *mōitoruk* ~ *moituruk* ‘mexovoj šarf, ošejnik iz belič'ix xvostov’). Einem Schal aus weißem Fell entspricht vor allem bei Hunden ein um den Hals laufender gleichfarbiger Streifen; beim Feldsperling zieht sich ein weißes Band rund um den Hals. Das Abzeichen lässt sich vermutlich zudem auf den für Jungbären typischen weißen Halsring beziehen.

♦ *moyturuktaax čïïčaax* ‘Feldsperling’, wrtl.: Vögelchen mit einem weißen Streifen um den Hals’ (Pek 1584 *moitoruktāx čȳčāx* ‘vorobej’).

moybordoox ~ **moymordoox** — mit einem weißen Streifen um den Hals.

Beleg: Pek 1581 *moibordōx* ~ *moimordōx* [ot *moibor/moimor* + *lāx*] ‘s beloj polosoj vokrug šei’.

Synonyme: *mooytoruktaax*, *mooyturuktaax*.

Unter *moybor* ~ *moymor* ist ein halsbandartiger weißer Fellstreifen zu verstehen (Pek 1581 *moibor* ~ *moimor* ‘belaja polosa vokrug šei, belaja šerst' na šee, v rode ošejnika’); den vorderen Hals von Wanderfalke und Baumfalke umfasst ein breites Band aus weißen Federn.

♦ *moymordoox tirii* ‘Fell mit einem weißen Halsband’ (Pek 1581 *moimordōx tirī* ‘škura s belym ošejnikom’) | *moynugar moybordoox moxsoɣol* ‘Falke mit einem weißen Streifen um den Hals’ (Pek 1581 *moinugar moibordōx moxsoġol* ‘sokol s belymi per'jami vokrug šei [s ožerel'em na šee]’).

2.2 Pferdefarben und Pferdeabzeichen

Die Jakuten, die an der mittleren Lena und deren Nebenflüssen sowie in der Taiga-Region Pferdezucht betreiben, verfügen über eine sehr umfangreiche Pferdefarbenterminologie, die äußerst differenziert die verschiedenen Farben einschließlich der Abarten beschreibt. Es sind vornehmlich hellfarbige Pferde wie Schimmel oder Falben, zudem Braune und Füchse, selten aber Rappen; hinzu kommen gemischtfarbige Pferde wie z.B. Schecke. Bei dem von den Russen *golubaja lošad'* (graues Pferd) oder *siren'kaja lošad'* (fliederblaues Pferd) genannten Jakuten-Pferd handelt es sich um eine eigenständige Rasse mit einem südlichen und einem nördlichen Schlag. Jakuten-Pferde haben ein bläulich schimmerndes hellgraues, dunkelgraues oder mausgraues Fell und häufig streifenförmige dunkle Flecke auf den Schulterblättern.

Doerfer (1995: 219–220) geht bei der türkischen Farbenlexik von 39 Termini aus, von denen 10 *ausschließlich* und 25 *auch* für Pferde gelten, d.h. insgesamt rund 90%. Er verweist darauf, dass in der deutschen Hippologie eine nähere Spezifizierung der fünf Grundfarben durch Zusätze erfolgt, während in der türkischen hippologischen Lexik die Typen a priori terminologisch so differenziert sind, dass sich 35 Grundfarben ergeben. In ihrem Aufsatz über die mandschu-tungusischen Pferdefarbenbezeichnungen, der zudem die entsprechenden türkischen und mongolischen Termini berücksichtigt, kommt Käthe U[ray]-Kőhalmi (1966: 46) zu einem zahlenmäßig ähnlichen Resultat. Sie geht von etwa 40 Pferdefarben aus, die jedoch mit

Körpermerkmalen und anderen Eigenschaften der Pferde kombiniert werden können, so dass eine erstaunlich große Anzahl von Individuen genau bestimmbar ist. Dies deckt sich nicht mit den Angaben von Doerfer, und zwar deshalb, weil seine Überlegungen auf dem Material von Laude-Cirtautas basieren, und das enthält keine kombinierten Farbbezeichnungen. Die Feststellung von Kőhalmi ist aber auch für die türkische, vor allem für die jakutische Pferdefarbenterminologie verbindlich, denn die Jakuten spezifizieren die zahlreichen Pferdefarben durch Zusätze sehr detailliert nach Abarten oder besonderen Kennzeichen.

2.2.1 Pferdefarben

Pferdefarben beziehen die Tönung von Haut, Deckfell und Mähnen- oder Schweifhaar ein; hinzu kommen die für gemischtfarbige Pferde geltenden Kriterien – partielle Scheckungen, Streifungen und Fleckungen – sowie die für bestimmte Körperstellen typischen Abzeichen. Einige Pferdefarben lassen sich auf andere Tiere von gleicher Färbung bzw. Musterung übertragen, außerdem auf Haut oder Haar des Menschen und ebenso auf Naturphänomene. Von den Farbbezeichnungen für verschiedenartige Tiere sind *ala*, *älämäs*, *čaalay*, *čakïr*, *xoŋor*, *kugas* und *sur* (s. 2.1.1) ebenso auf Pferde anwendbar; zu Pferde- und Rinderfarben s. 2.4.1.

aas — weiß, gelblichweiß, blau- oder aschgrau.

Belege: JaDW 12 *ās* 'weiss (von Pferden)'; Pek 166 *ās* 'o lošadjax: belyj, sivyj, želto-belyj'; DSJaJa 38 Abyj., S-Kol. *aas* 'belyj – o masti lošadi'.

Pekarskij verweist von *aas* auf *ayaš* 'ganz weiß', eine bei den südsibirischen Türkvölkern gebräuchliche Steigerungsform von *aq* 'weiß'. Falls zwischen *aas* und *ayaš* ein Zusammenhang besteht, würde dies bedeuten, dass sich *aq* im Jakutischen als Schimmelfarbe schlechthin erhalten hat (s. 1.2.1 s.v. *ürüŋ*). Dafür spricht, dass *aas* sowohl unveränderliches als auch veränderliches Schimmelhaar erfassen kann, denn *aas* kennzeichnet jeden weißgeborenen Schimmel mit rein weißer Grundfarbe auf heller Haut oder dunkler Grundfarbe und stark hervortretenden weißen Haaren sowie jeden dunkelgeborenen Schimmel mit dunkler Haut und allmählich immer weißer werdener Grundfarbe. Außer *aas*, das nach DSJaJa 38 zum archaischen gemeinjakutischen Wortschatz gehört, gibt es keinen Begriff, der alle Schattierungen der Schimmelfarbe zusammenfasst, aber diverse Benennungen für einzelne Nuancen (s. unten).

♦ *aas atïïr* 'Schimmelhengst' (JaDW 12 *ās atyr* 'Schimmelhengst') | *aas biä* 'Schimmelstute' (JaDW 12 *ās biä* 'Schimmelstute').

Im Dialekt von Suntar, einem Pferdezuchtgebiet, wird *aas* auf die weißlich geflügelten, an den Beinen feingestreiften Kriebelmücken angewendet; dies bietet sich insofern an, als die vor allem das Blut von Pferden saugenden Insekten farblich kaum vom Fell eines Schimmels zu unterscheiden sind.

♦ *aas naalaγaγ* 'Kriebelmücken', wrtl.: weiße Stechmücken (DSJaJa 38 Sunt., V-Vil. *aas naalaġaj* 'moška, moškara').

altan araγas — rotbraun mit rotbrauner Mähne.

Beleg: DSJaJa 44 *altan araġas* 'ryžij s ryžej grivoj – o masti lošadi'.

Synonyme: *kïdaγ araγas*, *tïmtïk kugas*.

Durch *altan araγas* (wrtl.: rotbraun wie Kupfer) wird bei einem Fuchs die Einfarbigkeit von Deckfell und Mähne und vermutlich auch des Schweifes angezeigt; generell haben Mähne und Schweif des Fuchses eine andere Farbe als das Grundhaar, sind aber niemals schwarz wie bei einem Braunen.

araγas maγaas — rotbraun mit weißem Kopf.

Beleg: Pek 1500 *araġas maġās* 'ryžij s beloj golovoj'.

♦ *araγas maγaas sïlgï* 'rotbraune Stute mit weißem Kopf' (Pek 1500 *araġas maġās sylgy* 'ryžaja s beloj golovoj kobyla').

äräbädäγ älämäs — mit weißen Flanken.

Beleg: DSJaJa 322 Abyj. *ėrėbėdėj ėlėmės* 'belobokij – o masti lošadi'.

Unter *äräbädäγ* versteht man die an einem Lasttier beidseits herabhängenden Tragtaschen (Pek 277 *äräbädäi* 'peremetnyja sumy'). Ihnen entspricht von der Kontur her eine große weiße Fleckung, die sich von der Rückenmitte bis über die Flanken erstreckt; *äräbädäγ älämäs* bedeutet wörtlich 'wie eine Tragtasche gefleckt'. Dieselbe Musterung beschreibt die Rinderfarbe *äräbädäγdääx* (s. 2.3.1).

bulaan — falb.

Beleg: Pek 542 *bulān* 'bulanaja mast''.

Pekarskij verweist auf *bulan* ~ *pulan*, eine bei den sibirischen Türkvölkern gebräuchliche Benennung für den Elch. Die Jakuten haben den Namen vermutlich ersetzt, denn sie bezeichnen den Elch mit *taγax* und anderen Hüllwörtern. Ein Bedeutungswandel Elch > falb lässt sich auf die graubraune Farbe des Elches zurückführen; möglicherweise war aber *bulaan* ursprünglich zugleich Tier- und Farbbezeichnung. Im Sinne von 'falb' wurde *bulan* auch ins Russische entlehnt (s. Vasmer 1953: 141 s.v. *bulanyj*).

bulumas ~ **buluŋas** — graubraun.

Beleg: DSJaJa 70 *bulumas* ~ *bulun̓as* 'buryj – o masti'.

Bei Pek 548 ist *bulumas* ~ *buluŋas* nicht definiert, sondern nur in Verbindung mit den Pferdefarben *kïhïl buluŋas* und *saalïr bulumas* (s. unten) vermerkt, und zwar unter Verweis auf *buluur*.

buluur ~ **buulur** ~ **buuluur** ~ **bulur** — grau (mit einer anderen Farbe vermischt), falb.

Belege: JaDW 144 *bulur* 'von gemischtem Haare (Pferd)'; Pek 549 *bulūr* 'čalyj (o lošadi), bulanyj (o lošadi)'; JaRS 87 *buuluur* 'čalyj, bulanyj (o masti lošadi)'; Jak 38 *buulur* 'falb (meist Farbe eines Pferdes)'.

Nominale Weiterbildung: **buluurduŋu** 'gräulich' (Pek 549 *bulūrduṅu* [ot *bulūr*] 'cvetom poxožij na čaluju mast'').

Verbale Weiterbildung: **buluursuy-** 'graue Haare bekommen' (Pek 549 *bulūrsui-* [ot *bulūr*] 'sedet'').

Der Falbe hat ein gelbliches Fell, das häufig Apfelbildungen zeigt, nämlich runde Flecke mit dunkleren Randhaaren. Bei Falben-Abarten kann das Grundhaar gelbgrau oder mausgrau sein; *buluur* ~ *buulur* beschreibt deshalb zudem graues oder grau meliertes menschliches Haar (Pek 549 *bulūr* 'seryj, sedoj'). Wahrscheinlich ist der Ausdruck durch Metathese aus *burul* entstanden (s. unten); im Altaitürkischen findet sich die Form *puulur* (Pek 549 alt. *pūlur* 'sedoj') gleichfalls neben *puurul*.

burul — grau (mit einer anderen Farbe vermischt); < mong. *bugurul* 'hellgrau, mäusefarben [von Pferden]' (Doerfer 1995: 223).

Belege: JaDW 143 *burul* 'von gemischtem Haare (von Pferden)'; Pek 569 *burul* 'čalyj (o lošadi)'.

Bei Laude-Cirtautas (1961: 106–107 s.v. *būrul*) ist *puurul* in derselben Bedeutung für fast alle südsibirischen Türksprachen belegt. Kőhalmi (1966: 52) schließt einen Zusammenhang von mong. *bugurul* mit dem bei Pekarskij vermerkten Begriff *bugunay* ~ *bugnay* 'krasnopestryj' nicht aus. Ihre Vermutung ist zweifellos unzutreffend; zum einen lässt sich mit *bugurul* keinesfalls die Farbe Rot verbinden, zum andern hat Kőhalmi das Zitat missverständlich verkürzt. Mit *bugunay* ~ *bugnay*, einer Entlehnung von r. *bubny* 'Karo, Schellen' wird die rote Kartenspielfarbe Karo benannt (Pek 535 *bugunai* ~ *bugnai* [russk.] 'krasnopestryj, krasnyj krap kart, bubny, bubnovaja mast'').

büör xara — dunkel wie Nieren.

Beleg: Pek 588 *büör xara* 'černyj, kak počka (kon')'.

Synonym: *xaan turaγas*.

Mit *büör xara* dürfte der Rotbraune erfasst werden, eine Braunen-Abart mit zimtbraunem Fell; Pferde- und Rindernieren kennzeichnet man farblich mit *kugastïŋï* 'rötlichbraun, zimtbraun' (s. 2.1.1).

čaŋkïrïïn araγas — eine Pferdefarbe.

Beleg: Pek 3571 *čaṅkyrȳn araġas* 'nazvanie konskoj masti'.

Pekarskij verweist von *čaŋkïrïïn* zum einen auf sibirisch-russisch '*čankiraja* lošad' – belaja, seraja [pegaja]', zum andern auf *čoŋkuruun*, dem mong. *čong-qurun* 'temnago cveta (o kone)' (dunkelfarben [beim Pferd]) entspricht. Mit *čoŋkuruun xara* wird die glänzendschwarze Fellfarbe eines Kumyss-Schlauchs beschrieben (Pek 3643 *čoṅkurūn xara* 'gljancevito černyj [mex kumysnyj]'); *čoŋkuruun* bewirkt anscheinend eine Intensivierung von *xara* 'schwarz', und zwar durch Glanz. Falls *čaŋkïrïïn* eine Abwandlung von *čoŋkuruun* ist, bestimmt es eine ähnliche Nuancierung bei *araγas* 'rotbraun'; *čaŋkïrïïn araγas* könnte daher den Schweißfuchs betreffen, der ein glänzendes dunkelrotbraunes Fell hat.

čoočugur — kleingefleckt, kleingetüpfelt.

Beleg: JaRS 511 *čoočugur* 'čubaryj s melkim krapom (o masti lošadi).

Mit *čoočugur* dürfte Panther- oder Tigerhaar gemeint sein; bei dieser Pferdefarbe sind auf meist heller Haut ziemlich regelmäßig kleine dunkle Flecke auf dunkler Haut verteilt.

čuoγur — bunt, gefleckt, scheckig; < mong. *čooqur* 'gefleckt, scheckig' (Kőhalmi 1966: 51).

Belege: JaDW 122 *čuoġur* 'gefleckt, getiegert (von Pferden)'; Pek 3688 *čuoġur* 'pestryj, točno obryzgannyj židkost'ju, čubaryj (o lošadjax), čalyj'; JaRS 513 *čuoġur* 'čubaryj (o masti lošadi)'; Jak 201 *čuoγur* 'gefleckt (Pferd)'.

Steigerungsformen: **čuobus čuoγur** ~ **čuoγus čuoγur** ~ **čuop čuoγur** 'ganz bunt' (Pek 3687 *čuobus čuoġur* 'prepestrejšij' ~ 3689 *čuoġus čuoġur* 'preprepestrejšij' ~ 3692 *čuop čuoġur* 'prepestryj').

Auch bei den südsibirischen Türkvölkern wird *čoqur* ~ *čoqqïr* ~ *šoqur* ~ *soqïr* 'getigert, bunt, buntscheckig' vor allem auf Pferde angewendet. Laude-Cirtautas (1961: 77) kommentiert die Bezeichnungen mit "ihrer Grundidee nach nicht erklärbar", da ihr offenbar die mongolische Herkunft unbekannt war. Bei Pferden bezieht sich *čuoγur* zum einen auf Apfelbildungen, wofür die Pferdefarben *xara čuoγur* und *soho čuoγur* verbindlich sind. Zum andern erfasst *čuoγur* die Scheckfarbe, bei der helle Haut- und Haarstellen willkürlich mit dunkleren Haut- und Haarstellen abwechseln; dem entspricht die Pferdefarbe *kïhïl čuoγur* (s. unten). Durch die Voranstellung von *čoočugur* (s. oben) wird *čuoγur* im Sinne von 'kleingetüpfelt' determiniert; **čoočugur čuoγur** scheint wie *čoočugur* für Panther- oder Tigerhaar zu stehen.

♦ *čuoγur at* 'geapfeltes Pferd' (Pek 3688 *čuoġur at* 'pestraja ili čubaraja, v jablokax lošad'') | *čoočugur čuoγur at* 'kleingetüpfeltes Pferd' (Pek 3660 *čōčugur čuoġur at* 'melkočubaraja [rasprepestro-pestraja] lošad'').

Außerdem kann *čuoγur* das beim Haarwechsel im Herbst und Frühjahr scheckig oder fleckig werdende Fell der Tundrarentiere und ebenso von der Sonne stellenweise gebräunte Haut kennzeichnen.

♦ *čuoɣur taba* ‘buntes Rentier’ (Pek 3688 *čuoġur taba* ‘pestryj olen''’) | *čuoɣur sotoloox* ‘mit braungebrannten Unterschenkeln [bei Jungen und Mädchen]’ (Pek 3688 *čuoġur sotolōx* ‘s zagorelymi kolenami [mal'čiki i devočki]’).

čümäči kugas — gelb wie Birkensplint.

Beleg: Pek 3702 *čümäči kugas* ‘(odna iz glavnyx lošadinyx mastej) želtyj, čto zabolon’.

Unter *čümäči* ‘Birkensplint’ versteht man die weiche wachsgelbe Holzschicht, die direkt unter der Birkenrinde liegt (Pek 3702 *čümäči* ‘zabolon', krasnoe smolistoe veščestvoe meždu zabolon'ju i berestoj, vnutrennaja smolistaja oboločka beresty, imejuščaja cvet želtago ili krasnogo voska’). Pekarskij hebt hervor, dass *čümäči kugas* eine der vorherrschenden Pferdefarben ist; von der Färbung her erfasst *čümäči kugas* den hell- bis dunkelgelben Isabellenfalben.

xaan turaɣas — rotbraun wie Blut.

Beleg: Pek 2839 *xān turaġas* ‘gnedoj, cveta krovi (žerebec)’.

Synonym: *büör xara*.

Mit *xaan turaɣas* dürfte ein Pferd gemeint sein, dessen Fell die Farbe von geronnenem Blut hat, d.h. eine zimtbraune Tönung wie der Rotbraune, eine Braunen-Abart. Diese farbliche Einschätzung ergibt sich aus *öhöx öŋnööx* ‘rötlichbraun, zimtbraun’, wrtl.: mit der Farbe von Blutgerinnsel (s. 1.3.2).

xagdaŋ kugas — grau (mit einer anderen Farbe vermischt).

Beleg: Pek 1191 *xagdaṅ kugas* ‘čalyj’.

In Verbindung mit *kugas* ‘gelb, rotbraun’ ist *xagdaŋ* im Sinne von ‘verschossen’ gebraucht (s. 1.4.2); *xagdaŋ kugas* scheint demnach auf ein isabellfarbenes, d.h. graugelbes bis gelblich graubraunes Pferd angewendet zu werden.

♦ *xagdaŋ kugas at* ‘graues [isabellfarbenes] Pferd’ (Pek 1191 *xagdaṅ kugas at* ‘čalyj kon''’).

xaŋalas — eine Pferdefarben-Abart.

Beleg: DSJaJa 279 Abyj. *xaṅalas* ‘raznovidnost' masti lošadi’.

In eigentlicher Bedeutung benennt *xaŋalas* Blässgänse (Pek 3310 *xaṅalas* ‘gus' stervjatnik, gus' Anser gambeli’). Blässgänse haben ein graues, auf der Bauchseite schwarzgeflecktes Gefieder und eine weiße Stirn; *xaŋalas* könnte daher ein ‘ringelgansartiges’, nämlich ein graues Pferd mit dunklen Flecken und einer Blässe betreffen. Dass der metaphorische Gebrauch von *xaŋalas* nicht ungewöhnlich ist, beweist der für Pferde benutzte Ausdruck *xaŋalas bïlčïŋnaax* ‘mit gewaltigen Muskeln’, wrtl.: mit Muskeln wie die Blässgans (Pek 3310 *xaṅalas bylčyṅnāx* ‘s tolstymi [massivnymi] myšcami'). Die Rinderfarbe *alakaas* (s. 2.3.1) dürfte gleichfalls die Musterung einer Wildgans einbeziehen.

xara čuoɣur — schwarz mit hellen Flecken.

Belege: JaDW 122 *xara čuoġur* 'schwarz mit hellen Flecken'; Pek 3688 *xara čuoġur* 'temnago cveta s svetlymi pjatnami'.

Der Pferdefarbe *xara čuoɣur* könnte der Kohlrappe entsprechen, denn sein glanzloses schwarzes Fell zeigt häufig Apfelbildungen.

xara ǰaɣïl — dunkel-blaugrau mit Flecken auf den Schulterblättern.

Beleg: Pek 3330 *xara ċaġyl* 'temnosizaja mast' skota'.

Synonym: *sur ǰaɣïl.*

Mit *xara ǰaɣïl* wird ein Jakuten-Pferd gekennzeichnet, dessen Schulterblätter dunkel gesprenkelt sind; auch beim Steinadler bezieht sich *xara ǰaɣïl* auf eine dunkle Färbung und Fleckung (s. 2.1.1).

xara köɣöččör — dunkelgrau.

Beleg: JaRS 175 *xara köġöččör* 'tëmno-seryj'.

Synonyme: *küöx boroŋ, siär xara, timir köɣölčör.*

Die bläulich schimmernde hell- bis dunkelgraue Farbe der Jakuten-Pferde wird generell mit *köɣöččör* (s. unten), eine dunkle Nuancierung mit *xara köɣöččör* erfasst.

♦ *xara köɣöččör biä* 'dunkelgraue Stute' (JaRS 175 *xara köġöččör biä* 'tëmnoseraja kobyla').

xara turaɣas — dunkelbraun, schwarzbraun, mit schwarzbraunem Rücken und dunkel-rötlichbraunen Flanken sowie dunkel-rötlichbraunem Bauch.

Belege: JaDW 80 *xara turaġas* 'schwarzbraun (von Pferden)'; Pek 2839 *xara turaġas* 'temnokoričnevyj, karakovyj, černoburyj, s černoj spinoj i temnoryžimi bokami i brjuxom'.

Unter *xara turaɣas* ist der Schwarzbraune zu verstehen, eine Abart des Braunen, bei der Flanken und Bauch heller getönt sind als der Rücken.

xaraŋatïŋï küräŋ — schwärzlich graubraun.

Beleg: Pek 1327 *xarańatyńy küräń* 'temnovato-buryj'.

Diese Tönung beschreibt offenbar den mattschwarzen bis graubraunen Fahlrappen.

ǰaɣïl — falb.

Beleg: Pek 701 *djaġyl* 'bulanyj'.

Der Ausdruck *ǰagïl*, der zum einen 'falb', zum andern 'große dunkle Flecke auf den Schulterblättern oder am Hals' (s. 2.2.2) bedeutet, ist wahrscheinlich mongolischen Ursprungs; vgl. Cincius 1975: *zagal* 'seryj (o masti)' und Lessing 1960: 1022 *zagal* 'having dark spots on the neck and shoulders (of a stallion)'.

♦ *ǰagïl atïïr* 'falber Hengst' (Pek 201 *djaġyl atȳr* 'bulanyj žerebec').

Eine weißlichfalbe Schattierung wird mit *kärä ǰaγïl* ~ *kürüö ǰaγïl* (s. unten) wiedergegeben.

ǰäbin kugas — rotbraun, rostfarben.

Beleg: DSJaJa 102 U-Maj. *d'ėbin kugas* 'ryžij, cveta ržavčiny – o masti lošadi'.

Die Pferdefarbe *ǰäbin kugas* (wrtl.: rotbraun wie Rost) kann zudem auf leblose Objekte angewendet werden.

♦ *ǰäbin kugas ïaγas* 'rostfarbener [rostiger] Eimer' (Pek 806 *ċäbin kugas yaġas* 'ržavoe, poryželoe vedro').

kärä ~ **körö** ~ **kürüö** — grau, rehbraun, rötlichbraun, isabellfarben, hellgelb, gelblichweiß, weiß, weißlich; < mong. *keger* 'dunkelbraun' (Kőhalmi 1966: 51).

Belege: JaDW 53 *kärä* 'grau, rehfarben (von Pferden)'; Pek 1040 *kärä* 'o masti konskoj: belyj, belovatyj, sobstvennoe seryj, svetlo-želtyj (o žerebenke, kotoryj s vozrastom stanovitsja belym), ryževatyj, savrasyj (žerebenok), solovoj' ~ 1162 *körö* 'o masti konskoj: belyj, želtovatjy' ~ 1337 *kürüö* 'o masti konskoj: belyj, želtovatjy'; JaRS 222 *kėrė* 'belyj, belovatyj'; Jak 102 *kärä* 'weiß mit gelber Schattierung'.

Nominale Weiterbildunge: **kärämäs** ~ **körümäs** 'dunkelgrau' (JaDW 54 *kärämäs* 'schwarzgrau'; Pek 1042 *kärämäs* [ot *kärä* + *mäs*] ~ *körümäs* 'temnoseryj'; JaRS 222 *kėrėmės* 'tëmno-seryj [o masti lošadi]').

Die gleiche Herkunft wie *kärä* hat der im Kasachischen und Kirgisischen sowie in südsibirischen Türksprachen gebräuchliche Begriff *kär* ~ *ker* 'dunkelbraun von Pferden' (s. Laude-Cirtautas 1961: 110 s.v. *kähär*); vgl. ordossisch *keere* 'dunkelbraun' (s. Kőhalmi 1966: 51). Die Jakuten verwenden *kärä* vor allem für hellfarbige Pferde, nämlich für Falbe und Schimmel; darauf verweisen auch die Pferdefarben *kärä älämäs*, *kärä ǰaγïl* ~ *kürüö ǰaγïl*, *kïlban kärä*, *kuobax kärä*, *sahïl kärä*, *surduŋu kärä*, *üüt kärä* (s. unten). Bei Schimmeln mit weißem Grundhaar werden die Fohlen gelblichweiß, bei Falben graugelb bis graubraun geboren.

♦ *kärä at* 'weißes Pferd' (JaRS 222 *kėrė at* 'belyj kon''') | *kärä biä* 'weiße Stute mit schwarzen Nüstern und dunklen Hufen' (Pek 1040 *kärä biä* 'belaja černonosaja černokopytnaja kobyla').

Außerdem kann *kärä* den Birkenfuchs farblich kennzeichnen; er unterscheidet sich vom Rotfuchs durch ein weniger intensiv getöntes Fell.

♦ *kärä sahïl* ‘Birkenfuchs’, wrtl.: rötlichbrauner Fuchs (Pek 2119 *kärä sasyl* ‘ryžaja lisica’).

In übertragener Bedeutung steht *kärä* für ‘schön, angenehm’ und ist auf jedes Objekt, dem eine solche Eigenschaft zukommt, beziehbar (Pek 1040 *kärä* ‘prigožij, krasivyj [odežda], milyj [razgovor], prijatnyj na vid’; JaRS 222 *kėrė* ‘krasivyj, prekrasnyj’). Es lässt sich nicht ausschließen, dass bei dieser Sinngebung die Vorliebe für hellfarbige Pferde eine Rolle gespielt hat.

♦ *kärä kihi* ‘schöner Mensch’ (Pek 1040 *kärä kisi* ‘krasivago vida čelovek’) | *kärä säp* ‘schöner Gegenstand’ (Pek 1040 *kärä säp* ‘krasivaja vešč'’) | *kärä tïl* ‘angenehme Unterhaltung’, wrtl.: angenehme Zunge (Pek 1040 *kärä tyl* ‘prijatnaja reč'’) | *kärä čuor kulgaax* ‘feinhöriges Ohr’, wrtl.: angenehm scharfes Ohr (Pek 1040 *kärä čuor kulgāx* ‘čutkoe uxo’).

Mit der Weiterbildung *kärämäs* werden dunkelgraue Pferde erfasst, vornehmlich Jakuten-Pferde.

♦ *kärämäs at* ‘dunkelgraues Pferd’ (JaRS 222 *kėrėmės at* ‘tëmno-seryj kon'’).

Auch *kärämäs* kann auf eine Fuchs-Abart angewendet werden, und zwar auf den rötlichbraunen, an Bauch und Schwanzspitze dunkelgrauen Brandfuchs (JaRS 222 *kėrėmės* ‘sivoduščatyj [o masti lisicy]’).

♦ *kärämäs sahïl* ‘Brandfuchs’, wrtl.: dunkelgrauer Fuchs (JaRS 222 *kėrėmės sahyl* ‘lisa-sivoduška’).

kärä älämäs — blassgelbscheckig.

Beleg: Pek 242 *kärä älämäs* ‘polovopegij’.

Diese Pferdefarbe dürfte einen gelblichen Falben mit Apfelbildungen betreffen.

kärä ǰaγïl ~ **kürüö ǰaγïl** — weißlichfalb.

Belege: Pek 701 *kärä djaġyl* ‘belobulanaja mast' konnago skota’ ~ 1337 *kürüö čaġyl* ‘belobulanyj’.

Mit *kärä ǰaγïl* könnte die mit Weiß vermischte gelbe Tönung gemeint sein, die für den Semmelfalben charakteristisch ist.

kïday araγas — rotbraun mit rotbraunem Schweif und rotbrauner Mähne.

Beleg: DSJaJa 135 Sakk., Verx. *kydaj araġas* ‘ryžij s ryžim xvostom i grivoj – o masti lošadi’.

Synonyme: *altan araγas*, *tïmtïk kugas*.

In Anspielung auf das durchgängige Rot chinesischer Lackarbeiten oder Stoffe vermittelt *kïday araγas* (wrtl.: chinesisch rotbraun) die Einfarbigkeit eines Fuchses.

kïlba maŋan ~ kïlba maγan ~ kïlbarï maŋan — rein weiß.

Belege: JaRS 206 *kylba maġan* 'oslepitel'no belyj'; DSJaJa 136 Verx. *kylba maġan* ~ Tatt. *kylba mańan* ~ *kylbary mańan* 'belyj, čisto belyj – o masti lošadi'.

Synonyme: *kuobax kärä, kuobax ulaan, mïnalgï maŋan, üüt kärä, üüt maγan.*

Durch das Gradationswort *kïlba* bzw. *kïlbarï* verstärkt bezeichnet *maŋan ~ maγan* einen Milchschimmel, ein Pferd mit weißem Fell, weißem Mähnen- und Schweifhaar sowie hellen Hufen. Außerdem kann *kïlba maγan* das Gefieder des Nonnenkranichs und eine rein weiße Färbung des Himmels beschreiben.

♦ *kïlba maγan tüüllääx kïtalïk kïïl* 'der Nonnenkranich mit den rein weißen Federn' (Pek 1382 *kylba maġan tūllāx kytalyk kȳl* 's blestjašče-belymi per'jami ptica sterx') | *kïlba maγan xallaan* 'rein weißer Himmel' (JaRS 206 *kylba maġan xallaan* 'čistoe, jasnoe nebo').

kïlbaŋ kärä — glänzendweiß.

Beleg: DSJaJa 136 Sakk. *kylbań kėrė* 'belyj – o masti lošadi'.

Der Pferdefarbe *kïlbaŋ kärä* entspricht der Atlasschimmel, eine Schimmel-Abart mit glänzendweißem Fell.

kïhïl ala — rotbraun mit weißen Flanken.

Beleg: DSJaJa 139 S-Kol. *kyhyl ala* 'ryžij belobokij – o masti lošadi'.

Synonym: *kugas ala.*

kïhïl buluŋas — rötlich graubraun.

Beleg: Pek 548 *kysyl buluńas* 'krasnovatyj'.

Da *buluŋas* eine graubraune Tönung wiedergibt, dürfte *kïhïl buluŋas* wie *kïhïllïŋï küräŋ* (s. unten) für eine ins Rötliche gehende graubraune Nuance stehen.

kïhïl čuoγur — rotscheckig.

Beleg: Pek 3688 *kysyl čuoġur* 'krasnopegij (redko vstrečajuščajasja lošadinaja mast', kotoraja, v silu svoej redkosti, prednaznačaetsja šamanami v žertvu zlym božestvam)'.

Der Rotscheck ist ein gemischtfarbiges Pferd, bei dem rote Haarstellen auf dunkler Haut willkürlich mit hellen Haarstellen auf heller Haut abwechseln. Rotschecke sind sehr rar, denn ihre Farbe vererbt sich nicht sicher; damit stimmt die Anmerkung von Pekarskij überein, dass die Schamanen die mit *kïhïl čuoγur* bezeichneten Pferde der Seltenheit wegen böswilligen Gottheiten zum Opfer bringen.

♦ *kïhïl čuoγur sïlgï* 'rotscheckige Pferde' (Pek 3688 *kysyl čuoġur sylgy* 'konnaja skotina s krasnymi pjatnami').

kïhïllïŋï küräŋ — rötlich graubraun.

Beleg: Pek 1327 *kysyllyṅy küräṅ* ‘krasnovato-buryj’.

kïtalïk ala — rotbraun mit weißen Strümpfen.

Beleg: DSJaJa 140 S-Kol. *kytalyk ala* ‘ryžij v belyx čulkax – o masti lošadi’.

Die Kolyma-Region ist die Heimat des Nonnenkranichs (Pek 1441 *kytalyk* ‘sterx, žuravl' belyj’); der dort gebräuchliche Ausdruck *kïtalïk ala* (wrtl.: scheckig wie der Nonnenkranich) scheint darauf abzuzielen, dass ein rotbraunes Pferd mit weißbestrumpften Beinen einen ähnlichen Farbkontrast aufweist wie der weiße Nonnenkranich mit seinen rotgelben Beinen. Bemerkenswerterweise benutzt man *kïtalïk* in derselben Gegend als Ersatzwort für *at* ‘Pferd’ (DSJaJa 140 S-Kol. [ėvfemizm] *kytalyk* ‘lošad', kon'’).

köγörčör ~ **köγöččör** ~ **köγölčör** ~ **köγötčör** — blaugrau, aschgrau, stahlgrau, eisengrau, dunkelgrau, schwarzgrau; < *köγör-* ‘blau schimmern’.

Belege: JaDW 57 *köġölčör* ‘schwarzgrau (von Pferden)’; Pek 1122 *köġölčör* ~ 1124 *köġörčör* ~ *köġötčör* ‘seryj i raznye ottenki serago: temnoseryj, o lošadjax: seryj, kak stal', sivyj, sivoj masti, sivo-železnyj, sivo-želtyj, o lesnom golube: temnopestryj’; JaRS 175 *köġöččör* ‘seryj, s različnymi ottenkami, sivyj (o masti lošadi)’; Jak 81 *köγöččör* ‘schwarzgrau (Farbe bei Tieren), aschgrau’.

Nominale Weiterbildungen: **köγöččördüŋü** ~ **köγölčördüŋü** ‘blaugräulich, gräulich, dunkelgräulich’ (Pek 1122 *köġölčördüṅü* [ot *köġölčör* + *düṅü*] ‘serovatyj, temnoserovatyj, poxožij na siviju mast'’; JaRS 175 *köġöččördüṅü* ‘serovatyj, s sivym ottenkom [o masti lošadi]’).

Mit *köγörčör* und den diversen Varianten wird das Jakuten-Pferd erfasst, dessen hell-, dunkel- oder mausgraues Fell bläulich schimmert. Besondere Nuancen vermitteln die Pferdefarben *xara köγöččör* (s. oben) und *sïrdïk köγöččör*, *sïrdïktïŋï köγöččör*, *timir köγölčör* (s. unten). Obwohl der Ausdruck vornehmlich auf Pferde angewendet wird, kann er zudem den schwarzgrauen Mönchskranich und die blaugraue Klippentaube farblich kennzeichnen.

♦ *köγöččör at* ‘blaugraues Pferd’ (JaRS 175 *köġöččör at* ‘sivyj kon'’) | *köγölčör turuγa* ‘Mönchskranich’, wrtl.: schwarzgrauer Kranich (DSJaJa 116 *kögölčör turuja* ‘raznovidnost' serogo žuravlja’).

kugas ala — rotbraun mit weißen Flanken.

Beleg: DSJaJa 120 *kugas ala* ‘ryžij belobokij – o masti lošadi’.

Synonym: *kïhïl ala*.

♦ *kugas ala biä* ‘rotbraune Stute mit weißen Flanken’ (Pek 1191 *kugas ala biä* ‘ryževataja, ryžepegaja, krasnopegaja kobyla’).

Eine ähnliche, in der Farbe aber abweichende Scheckung hat der Berggimpel; er ist an Bauch, Kopf und Rücken rot, an den Flügeln, die gleichsam seine Flanken bilden, jedoch graubraun.

♦ *kugas ala čïïčaax* ‘Berggimpel’, wrtl.: rotbraunes Vögelchen mit weißen Flanken (Pek 3731 *kugas ala čȳčāx* ‘snigir' žulan’).

kuobax kärä — weiß wie der Schneehase, milchweiß.

Beleg: DSJaJa 124 Abyj. *kuobax kėrė* ‘belyj, moločno-belyj – o masti lošadi’.

Synonyme: *kïlba mayan ~ kïlba maŋan ~ kïlbarï maŋan, kuobax ulaan, mïnalgï maŋan, üüt kärä, üüt mayan.*

Da der Schneehase im Winter ein rein weißes Fell bekommt, scheint mit *kuobax kärä* bzw. *kuobax ulaan* (s. unten) der völlig weiße Milchschimmel gemeint zu sein.

kuobax ulaan — weiß wie der Schneehase, weiß.

Beleg: DSJaJa 124 Sunt. *kuobax ulaan* ‘belyj – o masti lošadi’.

Synonyme: *kïlba mayan ~ kïlba maŋan ~ kïlbarï maŋan, kuobax kärä, mïnalgï maŋan, üüt kärä, üüt mayan.*

kuočay kugas — rehbraun.

Belege: DSJaJa 126 Tatt., Verx. *kuočaj kugas* ‘ryžij, sil'no ryžij – o masti lošadi’; Jak 91 *kuočay kugas* ‘ganz braun’.

Im Bezirk Werchojansk bezeichnet man mit *kuočay* einen Stein, der zum Abschaben der Rentierhäute dient (DSJaJa 126 Verx. *kuočay* ‘kamennyj skrebok dlja snjatija mezdry s olen'ix lap’). Dieser Stein ist offenbar rehbraun, da *kuočay kugas* (wrtl.: rotbraun wie *kuočay*) im jakutischen Text mit ‘siär’ (rehbraun) definiert wird; *kuočay kugas* benennt vermutlich wie die Pferdefarbe *siär* (s. unten) eine Braunen-Abart, den Rehbraunen.

kurtumax kugas — rotbraun mit einer Blässe.

Beleg: Pek 1251 *kurtumax kugas* ‘bezxvostyj (?) ryžij’.

Pekarskij hat die in der von ihm zitierten Quelle vorliegende Übersetzung von *kurtumax* mit ‘bezxvostyj’ (schwanzlos) zu Recht in Frage gestellt; *kurtumax* dürfte wie das Rinderabzeichen *kurduustaax ~ kurdustaax* (s. 2.3.2) mit *kurduu* ‘Gurt’ zusammenhängen und metaphorisch eine Blässe beschreiben, die sich wie ein Gurt von der Stirn bis zum Maul hinzieht. Bei Pek 1251 wird *kurtumax kugas at* mit ‘… (?) ryžaja lošad'’ erläutert, im Anhang Opečatki i opravki nach Spalte 1280 aber durch ‘bezxvostaja [?] ryžaja lošad'’ ersetzt.

♦ *kurtumax kugas at* ‘rotbraunes Pferd mit einer Blässe’ (Pek 1251 *kurtumax kugas at* ‘bezxvostaja [?] ryžaja lošad'’.

küdän araγas — hellrotbraun.

Beleg: Pek 127 *küdän araġas* ‘svetloryžij’.

Durch die Voranstellung von *küdän* ‘Nebel’ wird eine Aufhellung von *araγas* ‘rotbraun’ bewirkt; *küdän araγas* scheint dem Hellfuchs zu entsprechen.

♦ *küdän araγas at* ‘hellrotbraunes Pferd’ (Pek 127 *küdän araġas at* ‘svetloryžyj kon'’).

küdän maŋaas — mit hellaschgrauem Kopf.

Beleg: Pek 1279 *küdän mańās* ‘svetlopepel'nyj’.

Bei *maŋaas* ‘weißköpfig’ ergibt sich durch die Ergänzung mit *küdän* eine hellaschgraue Färbung des Kopfes, d.h. ein wie mit einem Nebelschleier überzogenes Weiß; ein lichtgrauer bis weißer Kopf ist ein typisches Merkmal von Schimmeln mit veränderlicher Haarfarbe. Die Übersetzung von Pekarskij trifft kaum zu, da sie den Begriff *maŋaas* außer Acht lässt.

♦ *küdän maŋaas atïïr sïlgï* ‘Hengst mit hellaschgrauem Kopf’ (Pek 1279 *küdän mańās atȳr sylgy* ‘svetlopepel'nyj žerebec’).

küöx älämäs — grau- oder blaugrauscheckig, grau- oder blaugraugefleckt.

Beleg: Pek 1323 *küöx älämäs* ‘zelenopegij, “goluboj” pjatnastyj, seropegij, sivopegij (o kone i šamanskom bubne)’.

Bei der Schellentrommel des Schamanen bezieht sich *küöx älämäs* auf deren Fellbespannung.

küöx boroŋ — bläulich dunkelgrau.

Beleg: Pek 502 *küöx boroń* ‘temnosivyj’.

Synonyme: *xara köγöččör*, *siär xara*, *timir köγölčör*.

Mit *küöx boroŋ* werden die ‘fliederblauen’ Jakuten-Pferde erfasst.

♦ *küöx boroŋ at* ‘bläulich dunkelgraues Pferd’ (Pek 502 *küöx boroń at* ‘temnosivyj kon'’).

küöx maγan — völlig weiß.

Beleg: Pek 1323 *küöx maġan* ‘soveršenno belyj’.

Synonyme: *küttän küräŋ*, *surduŋu kärä*, *surtaax*.

Auf Tiere angewendet gibt *küöx* eine graue bzw. blaugraue Tönung wieder; *küöx maγan* dürfte daher im Sinne von ‘weiß mit gräulichem Schimmer’ gebraucht sein. Wahrscheinlich kennzeichnet *küöx maγan* einen weißgeborenen Schimmel mit dunkler Grundfarbe, aber stark hervortretenden weißen Haaren.

♦ *küöx mayan at* ‘völlig weißes Pferd’ (Pek 1323 *küöx maġan at* ‘soveršenno belaja lošad'’).

küräŋ — graubraun, grau, blaugrau, mausgrau, isabellfarben, rötlich; < mong. *küreng* ‘rötlichbraun [von Pferden]’ (Doerfer 1995: 222).

Belege: Pek 1327 *küräṅ* ‘o lošadjax: buryj, krasnovatyj, solovoj, seryj, sivyj, myšastyj’; JaRS 201 *kürėṅ* ‘buryj (o masti skota)’; Jak 95 *küräŋ* ‘graubraun (Pferdefarbe)’.

Nominale Weiterbildung: **küräŋniŋi** ‘gräulichbraun’ (Pek 1327 *küräṅniṅi* [ot *küräṅ* + *niṅi*] ‘poxožij na buruju mast'’).

Verbale Weiterbildung: **küräŋsiy-** ‘graubraun werden’ (Pek 1327 *küräṅsii-* [ot *küräṅ* + *sii*] ‘buret'’).

Bei Laude-Cirtautas (1961: 102) ist *küräŋ* – ohne Verweis auf seine mongolische Herkunft – als eine Pferdefarbe belegt, die eine rötlichbraune Nuance erfasst. Dies trifft nur bedingt zu, denn *küräŋ* hat in einigen Türksprachen auch die Bedeutung ‘schwarzbraun, dunkelbraun’ (s. Schönig 2000: 130). Im Jakutischen vertritt *küräŋ* vorwiegend graubraune oder graue Tönungen, die jedoch selten ins Rötliche spielen; dem entsprechen die Pferdefarben *xaraŋatïŋï küräŋ*, *kïhïllïŋï küräŋ* (s. oben) sowie *küräŋ maŋaas* ~ *küräŋ mayaas*, *küttän küräŋ*, *tuoy küräŋ* (s. unten). Die Rinderfarbe *kürüŋ* (s. 2.3.1), die ebenfalls auf mong. *küreng* zurückgeht, gibt hingegen graubraune und rotbraune Schattierungen wieder.

♦ *küräŋ at* ‘graubraunes [isabellfarbenes] Pferd’ (Pek 1327 *küräṅ at* ‘buryj [solovoj] kon'’).

Aufgrund der verbalen Weiterbildungen von *küräŋ* schließt Laude-Cirtautas auf einen zusätzlichen Anwendungsbereich; für das Jakutische lässt sich dies insofern nachweisen, als *küräŋsiy-* ‘graubraun werden’ auf menschliches Haar bezogen werden kann, vgl. *küräŋsiybit astaax xotun* ‘die Herrin mit den graubraun gewordenen Haaren’ (Pek 1327 *küräṅsiibit astāx xotun* ‘s poburevšimi volosami gospoža’).

küräŋ maŋaas ~ **küräŋ mayaas** — graubraun mit weißer Stirn.

Belege: Pek 1327 *küräṅ maġās* ‘černo-peganyj, belogolovyj buryj’ ~ 1523 *küräṅ maṅās* ‘buryj s belym lbom’.

♦ *küräŋ mayaas sïlgï* ~ *küräŋ maŋaas sïlgï* ‘graubraunes Pferd mit weißer Stirn’ (Pek 1327 *küräṅ maġās sylgy* ‘černo-peganaja lošad', belogolovaja buraja lošad'’ ~ 1523 *küräṅ maṅās sylgy* ‘lošad' buraja s belym lbom’).

kürüö kärämäs — dunkelgrau meliert.

Beleg: Pek 1337 *kürüö kärämäs* ‘černyj s prosed'ju’.

Unter *kürüö kärämäs* dürfte ein dunkelgeborener Schimmel wie Blauschimmel oder Eisenschimmel zu verstehen sein, bei dem mit fortschreitendem Alter die Schimmelfarbe immer stärker dominiert. Zudem wird *kürüö kärämäs* auf menschliches Haar angewendet, wenn dessen ursprüngliche Farbe allmählich nach Weiß tendiert.

♦ *kürüö kärämäs bïtïk* 'dunkelgrau melierter Bart' (Pek 1337 *kürüö kärämäs bytyk* 'černaja s prosed'ju boroda').

küttän küräŋ — weiß.

Beleg: DSJaJa 133 Sunt. *küttėn kürėṅ* 'belyj – o masti životnyx'.

Synonyme: *küöx maγan, surduŋu kärä, surtaax.*

Da *küräŋ* vornehmlich graue Schattierungen vertritt, beschreibt *küttän küräŋ* kein reines Weiß, sondern eher die Tönung eines weißgeborenen Schimmels mit dunkler Grundfarbe und insgesamt stark hervortretenden weißen Haaren. Geht man davon aus, dass *küttän* wie das im Bezirk Olekminsk gebräuchliche *kürtän* die Tafelente benennt (Pek 1333 Olek. *kürtän* 'Fuligula ferina'), hat *küttän küräŋ* die wörtliche Bedeutung 'grau wie die Tafelente', nämlich silbergrau mit weißem Bauch.

mïnalgï maŋan — ungewöhnlich weiß, ohne jede Beimischung.

Beleg: Pek 1656 *mynalgy maṅan* 'črezvyčajno belyj, bez primesi'.

Synonyme: *kïlba maγan ~ kïlba maŋan ~ kïlbarï maŋan, kuobax kärä, kuobax ulaan, üüt kärä, üüt maγan.*

Pekarskij vermutet, dass sich *mïnalgï* von dem semantisch nicht eindeutig geklärten Verb *mïnalïy-* 'eine große Ausdehnung haben (?)' herleitet; *mïnalgï* könnte demnach auf ein besonderes Ausmaß von *maŋan* verweisen, wie es der rein weiße Milchschimmel zeigt, bei dem selbst Augen und Hufe weißlich sind.

♦ *mïnalgï maŋan sïlgï* 'ungewöhnlich weiße Pferde' (Pek 1656 *mynalgy maṅan sylgy* 'črezvyčajno belaja konnaja skotina').

moγol ~ moγul — rabenschwarz.

Beleg: DSJaJa 159 Olek. *moġol ~ moġul* 'voronoj – o masti lošadi'.

Im Sinne von 'nach mongolischer Art' kennzeichnet *moγol ~ moγul* den in Jakutien seltenen tiefschwarzen Glanzrappen; als Tierfarbe ist der Begriff im selben Gebiet für 'rötlichbraun' gebräuchlich (s. 2.1.1).

saalïr — falb.

Belege: JaDW 157 *sālyr* 'hellgelb mit schwarzer Mähne und eben solchem Schweife (von Pferden)'; Pek 2058 *sālyr* 'svetloželtyj s černoju grivoju i točno takim že xvostom, bulanyj, savrasyj (o lošadjax)'; JaRS 305 *saalyr* 'bulanyj'; Jak 128 *saalïr* 'grauhaarig (vom Pferd)'.

Verbale Weiterbildung: **saalïrsïy-** 'weiß oder grauhaarig werden' (Pek 2058 *sālyr-syi-* [ot *sālyr* + *syi*] 'belet''; JaRS 305 *saalyrsyj-* 'stanovit'sja pepel'no-serymi [o sedejuščix volosax]').

Bei *saalïr* handelt es sich um eine durch Metathese entstandene Umformung von *saarïl* (s. unten). Der Falbe ist ein gelbliches oder graugelbes Pferd mit schwarzer Mähne und schwarzem Schweif; Falbfohlen kommen graugelb bis graubraun zur Welt.

♦ *saalïr kulun* 'falbes Fohlen' (Pek 2058 *sālyr kulun* 'bulanyj žerebenok').

Außerdem wird *saalïr* auf helle Augen sowie auf graue Haare angewendet.

♦ *saalïr xaraxtaax kihi* 'helläugiger Mensch' (Pek 2058 *sālyr xaraxtāx kisi* 'beloglazyj [?] čelovek') | *saalïr čančïk* 'ergraute Schläfen' (Pek 3569 *sālyr čančyk* 'sedejuščie viski').

saalïr bulumas — falb.

Beleg: Pek 548 *sālyr bulumas* 'bulanyj'.

Da *bulumas* eine graubraune Tönung wiedergibt, bezieht sich *saalïr bulumas* vermutlich auf den Gelbfalben, der gelbgraues oder gelbbraunes Grundhaar hat.

♦ *saalïr bulumas at* 'falbes Pferd' (Pek 2058 *sālyr bulumas at* 'bulanyj kon'').

saarïl — grau; < mong. *sagaral* 'grau, isabellfarben' (Kőhalmi 1966: 50).

Beleg: Jak 129 *saarïl* 'grauhaarig (vom Pferd)'.

sappïyaan xara — rabenschwarz.

Beleg: DSJaJa 203 Olek. *sappyjaan xara* 'voronoj – o masti lošadi'.

Synonym: *suor xara*.

Mit *sappïyan xara* (wrtl.: schwarz wie Saffianleder) ist der tiefschwarze Glanzrappe gemeint.

sahïl kärä — gelblich rotbraun.

Beleg: Pek 1040 *sasyl kärä* 'želtovato-ryžij'.

Synonym: *sahïlïmtïa kugas*.

Die Pferdefarbe *sahïl kärä* scheint dem Braunfuchs zu entsprechen, denn er hat ein gelblich rotbraunes Fell.

sahïl ulaan — rötlich isabellfarben, nicht ganz rötlichbraun.

Beleg: Pek 2120 *sasyl ulān* 'krasnosolovyj (ne sovsem ryžij)'.

Mit *sahïl ulaan* wird bei einem graubraun geborenen Falbfohlen der Übergang zur gelblich graubraunen Färbung des erwachsenen Pferdes gekennzeichnet.

♦ *sahïl ulaan kulun* 'rötlich isabellfarbenes Fohlen' (Pek 2120 *sasyl ulān kulun* 'krasnosolovyj [ne sovsem ryžij] žerebenok').

sahïlïmtïa kugas — gelblich rotbraun.

Beleg: Pek 2120 *sasylymtya kugas* 'krasnoželtyj'.

Synonym: *sahïl kärä*.

siär — rehbraun.

Belege: JaDW 166 *siär* 'rehhaaren (von Pferden)'; Pek 2192 *siär* 'savrasyj ili svetlognedoj (o masti konnago skota), kosul'jago cveta'; Jak 140 *siär* 'dunkelbraun (von Pferden)'.

Der Farbbegriff *siär* wird auf eine Braunen-Abart, den nach oben hin dunkleren Rehbraunen angewendet; *siär* geht auf das alttürkische Wort *yägrän* 'kastanienfarben (bei Pferden)' zurück, das sich in anderen Türksprachen u.a. mit *yärän* ~ *čärän* ~ *čägrän* ~ *čigrän* 'fuchsfarben' erhalten hat (s. Laude-Cirtautas 1961: 107 s.v. *čägrän*). Der Ausdruck leitet sich nicht von mong. *ǰegeren* 'Antilope' her, wie Kőhalmi (1966: 52) vermutet, denn *ǰegeren* ist eine frühe Entlehnung von türkisch **ǰägĕrän* 'rötlich' und im Sinne von 'Antilope' ins Türkische rückentlehnt worden (s. Schönig 2000: 114–115 s.v. *ǰeren*).

♦ *siär atïïr* 'rehbrauner Hengst' (Pek 201 *siär atȳr* 'savrasyj ili svetlognedoj žerebec').

Bei Rentieren scheint *siär* die graubraune bis hellbraune Färbung zu erfassen, die sie beim Haarwechsel annehmen.

♦ *siär taba* 'falbes Rentier' (Pek 2192 *siär taba* 'bulanyj olen'').

siär xara — dunkelgrau.

Beleg: DSJaJa 210 Sakk. *siėr xara* 'temnoseryj – o masti lošadi'.

Synonyme: *xara köγöččör*, *küöx boroŋ*, *timir köγölčör*.

Durch *siär* 'rehbraun' wird *xara* 'schwarz' nach Dunkelgrau aufgehellt; *siär xara* ist im jakutischen Text mit 'kögöččör' erklärt und bezieht sich deshalb auf ein Jakuten-Pferd.

sïrdïk araγas — isabellfarben.

Belege: JaDW 164 *syrdyk araġas* 'isabellfarbig'; Pek 127 *syrdyk araġas* 'solovyj, izabelovyj'.

Sowohl *sïrdïk arayas* (wrtl.: hellgelb) als auch *sïrdïk ulaan* (s. unten) betreffen einen hellgelben Isabellenfalben.

♦ *sïrdïk arayas at* ‘isabellfarbenes Pferd’ (Pek 127 *syrdyk araġas at* ‘solovaja, izabelovaja lošad”).

sïrdïk köyöččör — hellgrau.

Beleg: JaRS 175 *syrdyk köġöččör* ‘svetlo-seryj’.

Mit *sïrdïk köyöččör* bzw. *sïrdïktïŋï köyöččör* (s. unten) wird ein Jakuten-Pferd gekennzeichnet, dessen Fell ein helles oder leicht aufgehelltes Grau zeigt.

♦ *sïrdïk köyöččör kulun* ‘hellgraues Fohlen’ (JaRS 175 *syrdyk köġöččör kulun* ‘svetlo-seryj žerebenok’).

sïrdïk ulaan — hell-isabellfarben.

Beleg: Pek 2994 *syrdyk ulān* ‘svetlosolovyj’.

sïrdïktïŋï köyöččör — leicht aufgehellt grau.

Beleg: JaRS 381 *syrdyktyṅy köġöččör* ‘svetlovato-seryj’.

♦ *sïrdïktïŋï köyöččör ǰühünnääx at* ‘Pferd von leicht aufgehellter grauer Farbe’ (JaRS 381 *syrdyktyṅy köġöččör d'ühünnėėx at* ‘lošad' svetlovato-seroj masti’).

soho čuoyur — rötlichbraun mit Apfelbildungen auf der Kruppe.

Beleg: Pek 2289 *soso čuoġur* ‘ryževatyj s belymi na zadu jablokami’.

Apfelbildungen sind runde helle Flecke mit dunkleren Randhaaren; bei Pek 221 (s.v. *äbiriän*) wird darauf verwiesen, dass die Pferdefarbe *soho čuoyur* der Rinderfarbe *küöx äbiriän* ‘mit grauen Flecken, rotbunt’ (s. 2.3.1) entspricht.

♦ *soho čuoyur biä sïlgï* ‘rötlichbraune Stute mit Apfelbildungen auf der Kruppe’ (Pek 2290 *soso čuoġur biä sylgy* ‘ryževataja s belymi na zadu jablokami kobyla’).

suodaydaax siälläax — eine Pferdefarben-Abart.

Beleg: DSJaJa 214 S-Kol. *suodajdaax siėllėėx* ‘raznovidnost' masti lošadi’.

Das Dialektwort *suodaydaax* ist eine Variante von *suoltaydaax* ‘mit Gelb’ (s. 1.4.1); *suodaydaax siälläax* (wrtl.: mit Gelb vermischt bemähnt) könnte den hell- bis dunkelgelben Isabellenfalben charakterisieren, denn er hat eine weißlichgelbe Mähne.

suor xara — rabenschwarz.

Belege: Pek 2347 *suor xara* ‘černyj kak voron, voronoj (o lošadi)’; JaRS 342 *suor xara* ‘čërnyj kak voron’.

Synonym: *sappïyaan xara*.

sur ǰaγïl — grau mit dunklen Flecken auf den Schulterblättern.

Beleg: Pek 770 *sur ċaġyl* 'seryj (kauryj) s černymi pjatnami na lopatkax, golubopegij'.

Synonym: *xara ǰaγïl.*

♦ *sur ǰaγïl sïlgï* 'graues Pferd mit dunklen Flecken auf den Schulterblättern' (Pek 770 *sur ċaġyl sylgy* 'seraja [kauraja] s černymi pjatnami na lopatkax lošad', golubopegaja lošad'').

Dunkle Flecke auf den Schulterblättern sind ein typisches Merkmal der hell-, asch- oder dunkelgrauen Jakuten-Pferde.

surduŋu kärä — milchweiß.

Beleg: DSJaJa 216 V-Kol. *surduṅu kėrė* 'moločno-belyj – o masti lošadi'.

Synonyme: *küöx maγan, küttän küräŋ, surtaax.*

Mit *surduŋu kärä* (wrtl.: gräulichweiß) wird vermutlich ein weißgeborener Schimmel mit dunkler Grundfarbe und stark hervortretenden weißen Haaren erfasst; dies dürfte gleichfalls für *surtaax* (wrtl.: mit Grau) zutreffen. Die Definition 'moločnobelyj' (milchweiß) ist insofern nicht eindeutig, als Milch je nach ihrem Fettgehalt gelblichweiß oder gräulich- bzw. bläulichweiß sein kann. Mit 'moločno-belyj' wird daher in den Lexika auch die rein weiße Farbe des Milchschimmels erklärt.

surtaax — milchweiß.

Beleg: DSJaJa 216 V-Kol. *surtaax* 'moločno-belyj – o masti lošadi'.

Synonyme: *küöx maγan, küttän küräŋ, surduŋu kärä.*

suhugur — hellgrau; < *suhuy-* 'hellgrau werden'.

Belege: Pek 2371 *susugur* [ot *susui* + *gur*] 'svetloseraja mast''; JaRS 346 *suhugur* 'svetlo-seryj (o masti lošadi)'.

♦ *sobo minin kurduk suhugur xoŋoruulaax* '[Pferd] mit einem Nasenrücken so hellgrau wie Karauschensuppe (Pek 2371 *sobo minin kurduk susugur xoṅorūlāx* '[lošad'] so svetloserym, slovno karasevaja uxa, perenos'em') | *suuŋ sörüö kördük suhugur siräydääx* '[Pferd] mit einem Maul [wrtl.: mit einem Gesicht] so hellgrau wie eine Schweißdecke aus Filz' (Pek 2371 *sūṅ sörüö kördük susugur siräidā̈x* '[lošad'] s svetloseroj mordoj, kak volosjanaja podstilka').

tallannaax kurbuhaxtaax — mit gestreifter Kruppe.

Beleg: Pek 2541 *tallannāx kurbusaxtāx* 's polosatym krupom (lošad')'.

Diese Pferdefarbe dürfte sehr selten sein, denn im Allgemeinen sind Kruppen geapfelt, d.h. mit dunkelumrandeten runden Flecken bedeckt; die speziell für Vögel gebräuchliche Tierfarbe *tallan* beschreibt ebenfalls eine ungewöhnliche streifenförmige Musterung auf dem Rücken (s. 2.1.1).

timir älämäs — stahlgrau mit hellen Flecken.

Beleg: Pek 242 *timir älämäs* 'temnoseryj (stal'noj masti) v belyx pjatnax'.

♦ *timir älämäs atïïr* 'stahlgrauer Hengst mit hellen Flecken' (Pek 242 *timir älämäs atȳr* 'žerebec temnoseryj v belyx pjatnax').

Der Pferdefarbe *timir älämäs* entspricht ein Mausfalbe mit Apfelbildungen.

timir köγölčör — stahlgrau, aschgrau.

Beleg: Pek 2672 *timir köġölčör* 'sivo-železnyj (mast' lošadi)'.

Synonyme: *xara köγöččör, küöx boroŋ, siär xara.*

Mit *timir köγölčör* (wrtl.: grau wie Eisen) wird ein Jakuten-Pferd erfasst.

tïmtïk kugas — einfarbig rotbraun.

Beleg: DSJaJa 254 Verx. *tymtyk kugas* 'odnocvetno ryžij'.

Synonyme: *altan araγas, kïday araγas.*

Der Ausdruck *tïmtïk kugas* (wrtl.: rotbraun wie ein Kienspan) kennzeichnet einen Fuchs, bei dem Deckhaar, Mähne und Schweif rotbraun sind.

tuos araγas — hellgelb.

Beleg: JaRS 404 *tuos araġas* 'svetlo-žëltyj'.

Synonym: *tuos kugas.*

In Kombination mit *araγas* 'gelb' bzw. *kugas* 'gelb' bewirkt das Vergleichsobjekt *tuos* 'Birkenrinde' eine Aufhellung der Grundfarbe; *tuos araγas* und *tuos kugas* dürften einen hellgelben Isabellenfalben betreffen.

tuos kugas — hellgelb.

Beleg: Pek 2830 *tuos kugas* 'svetloželtyj'.

Synonym: *tuos araγas.*

♦ *tuos kugas sïlgï* 'hellgelbe Pferde' (Pek 2830 *tuos kugas sylgy* 'konnaja skotina svetloželtoj masti').

tuoγ küräŋ — graubraun wie Lehm, rötlich graubraun, gräulich.

Belege: Pek 1327 *tuoi küräṅ* 'gnedo-buryj, serovatyj' ~ 2817 *tuoi küräṅ* 'buryj (žerebenok)'.

Für eine ähnliche Färbung bei Rindern benutzt man *buor kürüŋ* (s. 2.3.1).

♦ *tuoy küräŋ atïïr* ‘rötlich graubrauner Hengst’ (Pek 1327 *tuoi küräṅ atȳr* ‘žerebec masti gnedo-buroj’).

Vermutlich in Assoziation mit einem Pferderücken kann *tuoy küräŋ* auf eine Bergkuppe bezogen werden.

♦ *tuoy küräŋ bulgunyax* ‘gräuliche Bergkuppe’ (Pek 1327 *tuoi küräṅ bulgunjax* ‘serovatyj bugor’).

turaγas — braun, rotbraun, zimtbraun, kastanienbraun, dunkelbraun.

Belege: JaDW 109 *turaġas* ‘braun (von Pferden)’; Pek 2839 *turaġas* ‘mast' lošadej: gnedoj, ryžij, karij, karakovyj, temnokarij, koričnevyj’; JaRS 406 *turaġas* ‘gnedoj’; Jak 175 *turaγas* ‘braun (Pferd), graubraun (Tier)’.

Nominale Weiterbildung: **turaγastay** ‘rötlichbraun, bräunlich’ (Pek 2840 *turaġastai* [ot *turaġas* + *tai*] ‘gneden'kij, karen'kij’).

Das Farbadjektiv *turaγas* geht auf den schon im Alttürkischen als Pferdefarbe nachweisbaren Ausdruck *toruγ* zurück (s. Laude-Cirtautas 1961: 106 s.v. *toruγ*, *torïγ*). Wie *toruγ* kennzeichnet auch *turaγas* den Braunen, bei dem Mähne und Schweif stets schwarz sind. Abarten des Braunen werden mit *xaan turaγas*, *xara turaγas* (s. oben) und *turaγas älämäs* (s. unten) erfasst.

♦ *turaγas at* ‘dunkelbraunes Pferd’ (Pek 2839 *turaġas at* ‘temnokarjaja lošad"’) | *turaγas sonoγos* ‘rotbrauner Hengst’ (JaRS 406 *turaġas sonoġos* ‘gnedoj žerbec’) | *turaγastay atïïr sïlgï* ‘rötlichbrauner Hengst’ (Pek 2840 *turaġastai atȳr sylgy* ‘gneden'kij žerebec’).

Außerdem kann *turaγas* auf das graubraune Gefieder der Feldlerche, das in der Färbung dem Fell der graubraun oder fahlbraun geborenen Braunenfohlen entspricht, sowie auf die Tönung einer Wolke angewendet werden.

♦ *turaγas čïïčaax* ‘Feldlerche’, wrtl.: graubraunes Vögelchen (DSJaJa 249 Mom., Ojm. *turaġas čyyčaax* ‘žavoronok’) | *turaγas bïlït* ‘rehbraune Wolke’ (Pek 2839 *turaġas bylyt* ‘savrasoe [svetlognedoe] oblako’).

turaγas älämäs — rotbraunscheckig.

Beleg: Pek 2839 *turaġas älämäs* ‘ryžepegij (kon')’.

Der Kirschbraune, eine Abart des Braunen, hat ein rotbraunes, an Kopf und Flanken rötlichgelbes Fell.

ulaan — grau (mit einer anderen Farbe vermischt), aschgrau, mausgrau, blaugrau, hellgrau, graugefleckt, falb, isabellfarben, weißlich.

Belege: JaDW 44 *ulān* ‘aschgrau (von Pferden)’; Pek 2994 *ulān* ‘o konskix mastjax: myšastaja ili golubaja, pepel'nago cveta, čalaja, serko, bulanaja, solovaja, belaja, cvetlaja'; JaRS 432 *ulaan* 'čalyj, svetlo-seryj (o masti lošadi)'; Jak 183 *ulaan* 'graugefleckt, graugesprenkelt (Pferd)'.

Der Farbbegriff *ulaan* ist vermutlich eine Entlehnung von mong. *ulagan* 'rot', das bei Pferden jedoch eine falbe Tönung anzeigt – *ulagan mori* 'bulanaja lošad'' (Cincius 1977: 344). Die von *ulaan* vertretenen Nuancen lassen sich mit mong. *ulagan* 'falb' verbinden, denn es sind vornehmlich gelbliche, graugelbe, isabellfarbene (graugelbe bis gelblich graubraune), gelbgraue und maus- oder aschgraue Schattierungen; dem entsprechen die Pferdefarben *sahïl ulaan* und *sïrdïk ulaan* (s. oben) sowie *ulaan älämäs* (s. unten). Laut Kőhalmi (1966: 54) benennt mandschurisch *fulan* 'helles Pferd mit dunkler Mähne und Schweif' einen Schimmel, obwohl der Begriff etymologisch mit mandschurisch *fulaχun* 'rot' bzw. mong. *ulagan* 'rot' zusammenhängt. Kőhalmi erklärt dies damit, dass bei manchen Schimmeln die Haut nicht pigmentiert ist und deshalb unter dem Fell rötlich durchscheint. Sie fügt hinzu: "Daß der Schimmel als 'rot' bezeichnet wird, finden wir ausser ma. *fulan* nur im Türkischen: kas. *kysyl at* 'weisses Pferd' (*kysyl* 'rot'), jak. *ulān* 'aschgrau (von Pferden)'." Unter *fulan* ist aber ein Falbe zu verstehen – *fulan morin* 'bulanaja, sivaja, belovato-seraja lošad'' (Cincius 1977: 343) – und unter kasachisch *qïzïl at* ein rötlichbraunes oder hellbraunes Pferd (Laude-Cirtautas 1961: 56, Fußnote 3).

Da es auch Falbe gibt, deren Fellfarbe nach Weiß tendiert, vgl. *kärä ǰayïl* 'weißlichfalb' (s. oben), kann *ulaan*, allerdings durch *kuobax* näher bestimmt, auf den Milchschimmel angewendet werden – *kuobax ulaan* 'weiß wie der Schneehase' (s. oben). Zudem lässt sich *ulaan* auf das 'fliederblaue' Jakuten-Pferd (r. *siren'kaja lošad'*) beziehen. Diese Landrasse hat ein hell-, dunkel- oder mausgraues Fell mit nach Hellviolett gehendem bläulichen Schimmer.

♦ *ulaan at* 'hellgraues, fliederblaues Pferd' (Pek 2994 *ulān at* 'svetloseraja, siren'kaja lošad'').

Weiterhin kann *ulaan* den Eisfuchs farblich beschreiben, und zwar im Winter, wenn der bräunliche, am Bauch weißgraue Sommerpelz eine weiße Färbung angenommen hat.

♦ *ulaan kïrsa* 'Eisfuchs im Winterfell', wrtl.: weißer Eisfuchs (Pek 3729 *ulān kyrsa* 'nedopesok').

ulaan älämäs — falb- oder isabellfarbengefleckt.

Beleg: Pek 242 *ulān älämäs* 'bulanopegij, solovopegij'.

Die Pferdefarbe *ulaan älämäs* dürfte sich auf Falben mit Apfelbildungen beziehen.

ürüŋ araγas — rotbraun mit heller Mähne und hellem Schweif.

Beleg: Pek 127 *ürüṅ araġas* 'igrenij'.

Mit *ürüŋ arayas* wird der gelbrote Hellfuchs gekennzeichnet; er hat eine helle bis weißliche Mähne und einen gleichfarbigen Schweif.

♦ *ürüŋ arayas at* ‘rotbraunes Pferd mit heller Mähne und hellem Schweif’ (Pek 127 *ürüṅ araġas at* ‘igrenij kon'’).

ürüŋ siälläāx — mit heller Mähne.

Beleg: Pek 3179 *ürüṅ siällāx* ‘belogrivyj’.

Da sich *ürüŋ* nur im Sinne von ‘hell’ auf Pferde anwenden lässt (s. 1.2.1), könnte *ürüŋ siälläāx* ebenfalls den Hellfuchs betreffen.

üüt kärä — milchfarben, milchweiß.

Belege: Pek 1040 *ǖt kärä (sylgy, at)* ‘moločnago cveta’; JaRS 222 *üüt kėrė* ‘moločno-belyj (o masti lošadi)’.

Synonyme: *kïlba mayan* ~ *kïlba maŋan* ~ *kïlbarï maŋan*, *kuobax kärä*, *kuobax ulaan*, *mïnalgï maŋan*, *üüt mayan*.

Mit *üüt kärä*, wrtl.: weiß oder gelblichweiß wie Milch, und ebenso mit *üüt mayan* (s. unten) wird der Milchschimmel erfasst. Bei Pek 1640 ist *muus maŋan* ‘ledovato-belyj, moločnago cveta’ (s. 1.2.2) mit *üüt kärä* gleichgesetzt; für das gräulich oder bläulich schimmernde Weiß von Eis oder Milch benutzt man aber nicht *üüt kärä*, sondern *surduŋu kärä* (s. oben).

üüt mayan — milchigweiß.

Beleg: Pek 1499 *ǖt maġan* ‘belomoločnyj’.

Synonyme: *kïlba mayan* ~ *kïlba maŋan* ~ *kïlbarï maŋan*, *kuobax kärä*, *kuobax ulaan*, *mïnalgï maŋan*, *üüt kärä*.

♦ *üüt mayan at* ‘milchigweißes Pferd’ (Pek 1499 *ǖt maġan at* ‘belomoločnaja lošad'’).

2.2.2 Pferdeabzeichen

Zu den für Pferde charakteristischen Abzeichen zählen weiße Haarstellen am Kopf, Zebrastreifen sowie weiße Strümpfe an den Beinen, dunkle Flecke auf den Schulterblättern, Krötenflecken und der Aalstrich entlang des Rückgrats. Daneben gibt es eine Reihe von Abzeichen, die Pferden und Rindern gemeinsam sind (s. 2.4.2); zudem können die für verschiedenartige Tiere gebrauchten Abzeichen *künnääx* und *maŋaas* ~ *mayaas* (s. 2.1.2) auf Pferde angewendet werden.

čakïr tumustaax — mit weißem Maul.

Beleg: Pek 3557 *čakyr tumustāx* ‘[o lošadi] belogubaja’.

Synonym: *möŋüöttäy tumustaax*.

xastïrxay maŋan ~ xastïrxay maŋaas — mit weißen Ringen um die Augen und mit weißen Strümpfen oder einem weißen Maul.

Belege: DSJaJa 284 Verx. *xastyrxaj mańan ~ xastyrxaj mańaas* 'lysyj, s obodkami vokrug glaz i v belyx čulkax – o masti lošadi'.

Im jakutischen Text wird *xastïrxay maŋan* mit 'maŋaas älämäs ataxtaax, tuyaxtaax tumsa čakïr' (mit Weiß am Kopf, mit gescheckten Beinen und Hufen, Maul weiß) definiert, nach der russischen Übersetzung 'kahl, mit Ringen um die Augen und weißen Strümpfen', unter Auslassung von 'tumsa čakïr'. Bei *xastïrxay maŋan* verweist *xastïrxay* 'kahl' auf die weißen Ringe um die Augen, die sich wie Kahlstellen ausnehmen, und *maŋan* 'weiß' auf die bestrumpften Beine. Dies trifft jedoch nicht bei dem als Variante angeführten *xastïrxay maŋaas* zu, da *maŋaas* keine Abzeichen an den Beinen beschreibt. Anscheinend schließt die jakutische Erläuterung sowohl die Merkmale von *xastïrxay maŋan* als auch von *xastïrxay maŋaas* ein, wobei sich 'älämäs ataxtaax, tuyaxtaax' auf *xastïrxay maŋan* und 'tumsa čakïr' auf *xastïrxay maŋaas* bezieht. Mit *xastïrxay maŋaas* wird demnach ein Pferd mit weißen Ringen um die Augen und einem weißem Maul gekennzeichnet.

xatïr tumustaax — mit rötlichweißem Maul.

Beleg: Pek 3410 *xatyr tumustāx* 's krasnovatobeloj mordoj'.

Synonym: *mälǰän tumustaax*.

Der Begriff *xatïr*, der mit *xat-* 'austrocknen' zusammenhängt, ist bei Pekarskij nicht definiert, im Dialekt aber für 'mager' belegt (DSJaJa 285 V-Kol. *xatyr* 'suxoščavyj'). In der Bedeutung 'rötlichweiß' lässt er sich ansonsten nur in Verbindung mit *maŋan ~ mayan* 'weiß' nachweisen – *xatïr maŋan ~ xatïr mayan* 'rötlichweiß wie Birkenrinde' (s. 1.2.2 s.v. *maŋan ~ mayan*). Weißgeborene Schimmel mit weißer Grundfarbe auf rötlicher Haut haben häufig rötlichweiße Lefzen und Nüstern.

♦ *xatïr tumustaax at* 'Pferd mit rötlichweißem Maul' (Pek 3410 *xatyr tumustāx at* 'lošad', u kotoroj krasnovatobelaja morda').

ǰaγïl — große dunkle Flecke auf den Schulterblättern oder am Hals, 'geflügelt'.

Beleg: Pek 770 *ċaġyl* 'bol'šija pjatna, obyknovenno koričnevage cveta, na lopatkax ili na šee u lošadoj, opleka, krylatyj (t.-e. s temnymi kryl'cami – o kone); JaRS 124 *d'aġyl* 'bol'šie pjatna na lopatkax ili šee (životnogo)'.

Nominale Weiterbildung: **ǰaγïllaax** 'mit großen dunklen Flecken auf den Schulterblättern oder am Hals' (JaDW 122 *ċaġyllāx* 'mit grossen Flecken auf den Schulterknochen [von Pferden]'; Pek 770 *ċaġyllāx* [ot *ċaġyl*] 's bol'šimi pjatnami na lopatkax ili na šee [o lošadjax], s oplekoj [lošad']'; JaRS 125 *d'aġyllaax* 's bol'šimi pjatnami na lopatkax ili šee [o životnom]').

Bei *ǰayïl* dürfte es sich um ein mongolisches Lehnwort handeln, vgl. Lessing 1960: 1022 *zagal* 'having dark spots on the neck and shoulders (of a stallion)'. Die Pferdefarben *xara ǰayïl* und *sur ǰayïl* (s. 2.2.1) erfassen ein graues Jakuten-Pferd mit dunklen Flecken auf den Schulterblättern; im Hinblick auf *ǰayïllaax kärä kulun* lässt sich die Grundfarbe nicht eindeutig festlegen, da *kärä* die Fohlen von Schimmeln und Falben betreffen kann. Mitunter wird *ǰayïl* auf Rinder angewendet, bezieht sich dann aber auf einen einzigen großen schwarzen Fleck auf jedem Schulterblatt (s. 2.3.1).

♦ *kör ǰayïl mayan at* 'weißes Pferd mit kaum auffallenden kleinen Flecken (Pek 1156 *kör ċaġyl maġan at* 'belaja lošad' s melkimi, edva zametnymi pjatnami') | *ǰayïllaax kärä kulun* 'Fohlen mit dunklen Flecken auf den Schulterblättern' (Pek 771 *ċaġyllāx kärä kulun* 'žerebenok s oplekoj') | *ǰayïllaax ulaan at* 'isabellfarbenes Pferd mit Flecken' (JaRS 125 *d'aġyllaax ulaan at* 'solovaja lošad' s pjatnami').

Auch die keilförmigen weißen Flecke an den Flügelansätzen des Meeradlers werden mit *ǰayïl* gekennzeichnet.

♦ *ǰayïl toyon* 'Meeradler', wrtl.: Adler mit Flecken auf den Schulterblättern (JaRS 124 *d'aġyl tojon* 'beloplečij orlan').

Außerdem kann *ǰayïl* die für die Gürtelrose symptomatischen roten Flecke sowie die dunkle Fleckung einer Wolke beschreiben.

♦ *ǰayïl ïmïnax* 'Gürtelrose', wrtl.: Krätze mit Flecken (DSJaJa 94 Am. *d'aġyl ymynax* 'opojasyvajuščij lišaj') | *äbir ǰayïl bïlït* 'gemusterte Wolke', wrtl.: bunte Wolke mit Flecken (Pek 220 *äbir ċaġyl bylyt* 'uzorčatoe oblako').

kunduustaax — mit weißen Ringen um die Augen.

Beleg: DSJaJa 123 Verx. *kunduustaax* 's belymi obodkami vokrug glaz – o masti lošadi'.

Das Dialektwort *kunduustaax* ist eine Variante von *kunustaax* 'eingefasst, mit einem Besatz versehen' (Pek 1218 *kunustāx* 'otoročennyj, snabžennyj obšivkoj'). In derselben Gegend sieht man in diesem Abzeichen auch eine Kahlstelle und benennt es deshalb mit *xastïrxay* (s. oben).

mälǰän tumustaax — mit rötlichem oder rötlichweißem Maul.

Belege: Pek 1548 *mälċän tumustāx* 's krasnovatym rylom (nosom)'; JaRS 247 *mėld'ėn tumustaax* 's krasnovatoj mordoj'.

Synonym: *xatïr tumustaax.*

Mit *mälǰän* wird eine rötliche Tönung erfasst, die in Weiß übergehen kann (Pek 1548 *mälċän* 'krasnovatyj ottenok' ~ 1550 *mäljän* 'krasnovatyj ili belyj ottenok'; JaRS 247 *mėld'ėn* 'krasnovatyj ottenok [masti životnogo]').

♦ *mälǰän tumustaax at* ‘Pferd mit rötlichem Maul’ (Pek 1548 *mälċän tumustāx at* ‘lošad' s krasnovatym rylom [nosom]’) | *mälǰän tumustaax sïlgï* ‘Pferd mit rötlichem Maul’ (JaRS 247 *mėld'ėn tumustaax sylgy* ‘lošad' s krasnovatoj mordoj’).

mälǰännääx — mit weißer Maulspitze, mit einem weißen Fleck auf der Nase.

Belege: Pek 1550 *mäljännāx* ‘s belym končikom mordy (o kone)’; DSJaJa 169 Ordž., Tatt. *mėld'ėnnėėx* ‘s beloj otmetinoj na xrape – o lošadi’.

Pekarskij leitet *mälǰännääx* von *mälǰän* ab; der Ausdruck könnte jedoch ebenso auf ewenk. *mälǰār* ‘Fleck [über den Augen von Hunden]’ (Cincius 1975: 567 *melǰēr* ‘pjatna [nad glazami sobaki]’) zurückgehen, denn er bezieht sich nur auf einen Sprenkel, nämlich auf den Schnippe genannten kleinen weißen Fleck auf der Nasenspitze oder der Oberlippe von Pferden.

♦ *mälǰännääx tumustaax* ‘[Pferd] mit weißer Maulspitze’ (Pek 1548 *mälċännāx tumustāx* ‘[kon'] s belym končikom mordy’).

Im Bezirk Werchojansk verwendet man *mälǰännääx* bei Pferden mit Krötenflecken, blauschwarzen Flecken oder Punkten auf hellem, fast haarlosem Grund.

♦ *mälǰännääx* ‘Pferd mit schwarzen Flecken in der Leistengegend oder an den Oberschenkeln’ (DSJaJa 169 Verx. *mėld'ėnnėėx* ‘lošad' s černymi pjatnami v paxu ili na stegnax’).

möŋüöttäy tumustaax — mit weißem Maul.

Beleg: Pek 1611 *möṅüöttäi tumustāx* ‘s belym xrapom’.

Synonym: *čakïr tumustaax*.

Möglicherweise ist *möŋüöttäy* (Pek 1611 *möṅüöttäi* ‘belyj s krasnovatym ottenkom [o xrape lošadi]; belizna [na xrape lošadi]’) von ewenk. *mäŋäti* entlehnt, einer Benennung für die überhängende weiße Oberlippe des Elches (Cincius 1975: 570 *meṅeti* ‘nos losja’).

oroxtoox — mit einem dunklen Streifen entlang des Rückgrats.

Belege: Pek 1874 *oroxtōx* ‘Adj. ot *orox* + *lāx*’; JaRS 277 *oroxtoox* ‘imejuščij tëmnuju polosu vdol' xrebta, s tëmnoj polosoj vdol' xrebta (o lošadi)’.

Mit *orox* < mong. *oroq* ‘schwarzer Rückenstreifen des Pferdes’ wird der Aalstrich bezeichnet (Pek 1873 *orox* ‘černaja [temnaja] polosa na xrebtu lošadi’; JaRS 277 *orox* ‘tëmnaja polosa [na spine lošadi]’). Der Aalstrich, ein typisches Merkmal des Falben, ist ein schmaler dunkler Streifen, der vom Widerrist bis zur Schwanzwurzel hin verläuft. In übertragener Bedeutung benennt *orox* einen von Tieren ausgetretenen schmalen Pfad (JaRS 277 *orox* ‘tropa [protopannaja zverem]’).

suuyullaγas — mit einem weißen Fleck am Maul oder auf der Stirn; < *suuyulun-* 'ausgewaschen sein'.

Beleg: Pek 2323 *sūjullaġas* [ot *sūjullun* + *aġas*] 'lysanyj (o konskoj morde)'.

Weiße Abzeichen heben sich vom dunkleren Fell wie ausgewaschene Stellen ab.

♦ *suuyullaγas sïraydaax* 'mit einem weißen Fleck auf der Stirn', wrtl.: mit einem Gesicht, das einen weißen Fleck auf der Stirn hat (Pek 2323 *sūjullaġas syraidāx* 's beloj lysinoj na lbu [o lošadi]').

tïïrkïnnaax — mit einem schmalen weißen Streifen am Maul.

Beleg: DSJaJa 255 Verx. *tyyrkynnaax* 's uzkoj beloj polosoj na morde – o masti lošadi'.

Das Dialektwort *tïïrkïn* leitet sich von *tïïr-* 'in kleine Stücke spalten' ab; vgl. *tïrïïŋka* 'fein zersplittertes Holz, Span' (Pek 2959 *tyrȳn̄ka* 'tonko rasščeplennoe derevo').

2.3 Rinderfarben und Rinderabzeichen

Die Rinderhaltung, die wie die Pferdezucht vor allem im Einzugsbereich der mittleren Lena und in der Taiga-Region betrieben wird, beschränkt sich vorwiegend auf Fleckvieh und schwarzbuntes Vieh; die Rinderfarbenterminologie reicht infolgedessen nicht an die Vielfalt der Farbentermini für Pferde heran. Trotzdem trifft kaum zu, was Kőhalmi (1966: 47) generell konstatiert hat, nämlich dass eine detaillierte Differenzierung der Farbe nur für Reittiere gilt, während bei Rindern die Farbskala ärmlicher ist und keine Einzelheiten berücksichtigt.

Das sibirische Fleckvieh ist in großen zusammenhängenden Farbpartien weiß bis dunkelrotbraun gescheckt, häufig aber auch gedeckt oder gefleckt; Kopf und Beine sind meist weiß. Daneben gibt es einen besonderen jakutischen Schlag, das fahlgelbbunte Vieh (r. *palevo-pestryj skot*). Einheimische schwarzbunte Rassen sind das Cholmogory-Vieh (r. *xolmogorskij skot*) und das Jaroslav-Vieh (r. *jaroslavskij skot*); beide Landrassen werden in den Waldgebieten gezüchtet. Charakteristisch für Cholmogory-Rinder ist eine weiße Scheckung und ein schwarzer Kopf mit weißen Abzeichen, für Jaroslav-Rinder ein größtenteils schwarzer Rumpf, ein weißer Bauch und ein weißer Kopf mit schwarzen Abzeichen, vornehmlich mit einer Brille, einer schwarzen Umrandung der Augen. Vereinzelt wird das meist dunkelrot gescheckte bzw. gefleckte rotbunte Vieh gehalten und das einfarbige Braunvieh, dessen graubraune Färbung von Dunkelbraun bis Hellgrau variieren kann.

2.3.1 Rinderfarben

Da das Hornvieh überwiegend bunt ist, kommt den mit Scheckungen, Streifungen und Fleckungen oder mit Abzeichen verbundenen Rinderfarben erwartungsgemäß die größte Relevanz zu. Außerdem lassen sich einige Farbtermini nachweisen, die für Rinder und ebenso für Pferde gebraucht werden (s. 2.4.1); gleichfalls auf Rinder anwendbare Tierfarben sind *ala*, *älämäs*, *äriän*, *čakïr* und *kugas* (s. 2.1.1).

alakaas — scheckig, bunt.

Beleg: DSJaJa 43 Am. *alakaas* 'pegij – o masti korovy'.

In eigentlicher Bedeutung könnte mit *alakaas*, wrtl.: gescheckte Gans, die weißgescheckte Nonnengans gemeint sein, bei der Kopf, Hals, Brust und Schnabel völlig schwarz, Stirn und Backen jedoch mit einem weißen Fleck gezeichnet sind; eine Musterung nach Art der Nonnengans ist für Cholmogory-Vieh typisch. Auch bei dem Rinderabzeichen *kačaarka* (s. 2.3.2) und der Pferdefarbe *xaŋalas* (s. 2.2.1) dürfte der Vergleich mit einer Wildgans vorliegen.

äräbädäydääx — mit weißen Flanken.

Beleg: DSJaJa 322 Abyj. *ėrėbėdėjdėėx* 'belobokij – o masti korovy'.

Synonym: *ïŋïïrdaax*.

Die auf beiden Seiten eines Lasttieres herabhängenden Tragtaschen nennt man *äräbädäy*; ihnen entspricht bei Cholmogory-Rindern eine ähnlich konturierte weiße Fleckung, die sich von der Rückenmitte bis über die Flanken erstreckt. Bei Pferden wird eine derartige Fleckung mit *äräbädäy älämäs* erfasst (s. 2.2.1).

baγarax äriän ~ **baγaraax äriän** — mit großen weißen Streifen.

Belege: DSJaJa 57 Verx. *baġaraax ėriėn* ~ Sunt. *baġarax ėriėn* 'pestryj v krupnyx polosax – o masti korovy'.

Mit *baγarax* wird ein flacher irdener Milchtopf bezeichnet (Pek 327 *baġarax* 'nizkij i širokogorlyj goršok dlja varki moloka'); *baγarax äriän*, wrtl.: wie *baγarax* gestreift, spielt vermutlich auf den weißen Schaumstreifen an, der sich beim Überkochen der Milch ringförmig am Topfrand abschlägt. In Analogie zu einer solchen Streifung könnte *baγarax äriän* ein Cholmogory-Rind betreffen, bei dem ein breiter weißer Streifen beidseits vom Widerrist bis zur Brust verläuft, so dass der schwarze Kopf gleichsam durch einen weißen Ring vom Rumpf abgegrenzt ist.

balaarxay kürüŋ ~ **balaaxay kürüŋ** — dunkelgraubraun.

Belege: Pek 349 *balārxai kürüṅ* 'temnoburyj' ~ 350 *balāxai kürüṅ* 'temnoburyj (skotina)'.

Synonym: *boloorxoy kürüŋ*.

Durch *balaarxay* 'aschgrau' wird *kürüŋ* als ein dunkles Graubraun eingestuft.

♦ *balaarxay kürüŋ tïhaγas* 'dunkelgraubraunes Kalb' (Pek 349 *balārxai kürüṅ tysaġas* 'temnoburyj telenok').

bïrïkïay — eine Rinderfarbe.

Beleg: DSJaJa 78 S-Kol. *byrykyaj* ‘mast' korovy’.

Der Begriff *bïrïkïay* könnte mit *bïrïkï* ~ *bïrïkïnay* ‘Jung-Karausche’ zusammenhängen (DSJaJa 78 M-K, Vil. *byryky* ‘karasevaja molod''; JaRS 94 dial. *byrykynaj* ‘melkij karas’) und sich bei Rindern auf die für eine junge Karausche typische Färbung oder Musterung beziehen. Bei den silbrigen Karauschen bildet sich am Schwanzansatz ein dunkler Fleck.

boloorxoy kürüŋ — dunkelgraubraun.

Beleg: Pek 493 *bolōrxoi kürüṅ* ‘temnoburyj’.

Synonym: *balaarxay kürüŋ*.

Wie *balaarxay* bewirkt *boloorxoy* ‘dunkelgrau’ eine dunklere Schattierung von *kürüŋ* ‘graubraun’.

♦ *boloorxoy kürüŋ tïhayas* ‘dunkelgraubraunes Kalb’ (Pek 493 *bolōrxoi kürüṅ tysaġas* ‘temnoburyj telenok’).

buor kürüŋ — rötlichbraun wie Lehm.

Beleg: Pek 561 *buor kürüṅ* ‘glinjano-krasnyj (byk)’.

Bei Pferden wird eine ähnliche Farbtönung mit *tuoy küräŋ* erfasst (s. 2.2.1).

dargïl — rotbraun.

Beleg: DSJaJa 86 Mom. *dargyl* ‘ryžaja mast''.

Nach Kāšγarī kann *tarγil* auf jedes schwarz und weiß gefleckte Tier, aber nicht auf Pferde angewendet werden; DLT 242 *tarγil yilqi* bezeichnet schwarz und weiß geflecktes Herdenvieh. Laude-Cirtautas (1961: 113) vermerkt, dass kasachisch und kirgisisch *targïl* für ein rotes Rind mit schwarzen Streifen oder Flecken benutzt wird. Rotbunte Rinder sind jedoch nicht schwarz, sondern grau gestreift oder gefleckt. Falls auch mit *dargïl* ein rotbuntes Rind bezeichnet wird, ist der Ausdruck ein im Dialekt gebrauchtes Synonym für *küöx äbiriän* oder *kürüŋ äriän* (s. unten).

xaγdaŋ maŋaas — gelblichgrau mit weißen Flecken am Maul.

Beleg: Pek 3223 *xaġdaṅ maṅās* ‘izželta-seryj s belymi otmetinami na morde (byk)’.

In *xaγdaŋ maŋaas* vertritt *xaγdaŋ* (s. 1.4.2) die für fahlgelbbuntes Vieh charakteristische Farbnuance ‘vergilbt’.

xara äriän — schwarzbunt.

Beleg: Pek 298 *xara äriän* ‘černopestryj’.

xara saaǰaγay — schwarz mit einem schmalen weißen Streifen entlang des Rückgrats.

Beleg: Pek 2023 *xara sāċaġai* ‘rogataja skotina černago cveta s uzkoj beloj polosoj vdol' xrebta’.

Mit *xara saaǰaγay* sowie mit *xaranay* (s. unten) wird ein Jaroslav-Rind erfasst, denn diese Rasse hat einen überwiegend schwarzen Rumpf.

xaranay — schwarz; < *xara* ‘schwarz’.

Beleg: DSJaJa 281 V-Kol. *xaranaj* ‘černyj – o masti korovy’.

iäǰägäy äriän — schmutzigbunt.

Belege: Pek 891 *iäċägäi äriän* ‘(grjazno) pestryj (korova)’; JaRS 159 *ieḋ'ėgėj ėriėn* ‘grjazno-pëstryj (o masti korovy)’; Jak 77 *iäd'ägäy äriän* ‘fleckig, mit dunklen Flecken (nur beim Rind)’.

Synonym: *kugas äriän*.

Mit *iäǰägäy* benennt man aus Sauermilch zubereiteten und dann gekochten Quark (Pek 891 *iäċägäi* ‘tvorog, sdelannyj iz zakisšago moloka i kipjačenyj’); demnach scheint *iäǰägäy äriän*, wrtl.: bunt wie *iäǰägäy*, fahlgelbbuntes Vieh zu kennzeichnen.

ïŋïïrdaax — mit weißen Flanken.

Beleg: DSJaJa 314 Abyj. *yṅyyrdaax* ‘belobokij – o masti korovy’.

Synonym: *äräbädäydääx*.

Unter *ïŋïïr* versteht man einen Sattel mit beidseits herabhängenden Tragtaschen (Pek 3802 *yṅӯr* ‘v'jučnoe sedlo’); vom Umriss her ähnelt ihm eine weiße Fleckung, die von der Rückenmitte bis über die Flanken reicht und für Cholmogory-Rinder typisch ist.

kuba araγas — gelblich wie ein Schwan.

Beleg: DSJaJa 119 Sunt. *kuba araġas* ‘ryžij – o masti korovy’.

Im jakutischen Text wird *kuba araγas* mit ‘kugas’ erklärt, das wie *araγas* (s. 1.4.1) bei Tieren eine rotbraune oder eine gelbe Färbung wiedergeben kann (s. 2.1.1). Übersetzt ist *kuba araγas* mit ‘ryžij’ (rotbraun); das Wortglied *kuba* ‘Schwan’ lässt sich aber schwerlich mit Rotbraun verbinden. Dasselbe dürfte auch dann gelten, falls ein Zusammenhang zwischen *kuba* und dem u.a. von den südsibirischen Türkvölkern benutzten, im Jakutischen aber nicht nachweisbaren *quba* ‘bleich, fahlgelb, fahlgrau’ besteht (s. Laude-Cirtautas 1961: 95–97 s.v. *quba* und Clauson 1972: 581 *kuba:* ‘pale, pale yellow, pale grey; of a horse or cow ‘dun’; of a man ‘fair-haired’). Interpretiert man *kuba araγas* im Sinne von ‘gelb wie ein Schwan’, bezieht sich der Ausdruck auf fahlgelbbuntes Vieh, denn ein Schwan mit stark eingefetteten Konturfedern sieht gelblich aus, vgl. *arayas kuba* ‘gelber Schwan’ (Pek 1186 *araġas kuba* ‘želtyj lebed' [u očen' žirnago lebedja per'ja, ne pux, delajutsja želtymi, i on kažetsja želtovatym]’).

kugas äriän — gelbbunt.

Beleg: Pek 298 *kugas äriän* ‘želtopestryj’.

Synonym: *iäǰägäy äriän*.

Mit *kugas äriän* bezeichnet man gleichfalls fahlgelbbuntes Vieh.

kugas saaǰayay — rotbraun mit einem weißen Streifen entlang des Rückgrats, rotbunt.

Beleg: Pek 2023 *kugas sāčaġai* ‘rogataja skotina ryžago cveta s beloj polosoj vdol' xrebta, krasno-pestraja (o korove)’.

kugas taraax — gelbgestreift.

Beleg: Pek 2568 *kugas tarāx* ‘želtopolosatyj (mast' skotiny)’.

Bei Tieren zeigt *taraax* querverlaufende Streifen an (s. 2.1.1); *kugas taraax* verweist vermutlich auf in dieser Weise gestreiftes fahlgelbbuntes Vieh.

kurdaax — mit weißen Flanken.

Beleg: DSJaJa 127 Abyj. *kurdaax* ‘belobokij – o masti korovy’.

Synonym: *kušaaktaax*.

Der Ausdruck *kurdaax*, wrtl.: mit einem Gürtel, betrifft ein breites weißes Band, das beidseits von der Rückenmitte bis zum Bauch verläuft, so dass der Rumpf wie von einem Gürtel umschlossen wird.

kušaaktaax — mit weißen Flanken.

Beleg: DSJaJa 129 Abyj. *kušaaktaax* ‘belobokij, pegij – o masti korovy’.

Synonym: *kurdaax*.

Mit dem russischen Lehnwort *kušaak* (Pek 1274 *kušāk* [russk.] ‘kušak’) benennt man einen breiten, langen Gürtel aus Stoff; *kušaaktaax* erfasst dieselbe Musterung wie *kurdaax*.

küöx äbirdääx — mit grauen Flecken.

Beleg: Pek 220 *küöx äbirdāx* ‘s golubymi pjatnami’.

♦ *küöx äbirdääx inax* ‘Kuh mit grauen Flecken’ (Pek 220 *küöx äbirdāx ynax* ‘korova s golubymi pjatnami’).

küöx äbiriän — graugefleckt, rotbunt.

Beleg: Pek 1323 *küöx äbiriän* 's golubymi pjatnami, krasnopestryj (o korove), sootvetstvuet lošadinoj masti *soso čuoġur*'.

Unter *küöx äbiriän* ist ein rotbuntes Rind mit grauen Flecken auf dem Kreuz zu verstehen, denn nach Pek 221 (s.v. *äbiriän*) entspricht *küöx äbiriän* der Pferdefarbe *soho čuoγur* 'rötlichbraun mit Apfelbildungen auf der Kruppe' (s. 2.2.1).

♦ *küöx äbiriän ïnax* 'graugefleckte, rotbunte Kuh' (Pek 221 *küöx äbiriän ynax* 's golubymi pjatnami, krasnopestraja korova').

küöx äriän — graubunt.

Beleg: Pek 1323 *küöx äriän* 'golubopestryj'.

♦ *küöx äriän oγus* 'graubunter Stier' (Pek 1323 *küöx äriän oġus* 'golubopestryj byk').

kürǰügäs — rotbraun mit dunklen Streifen.

Belege: Pek 1331 *kürċügäs* 'o skotine: buryj, ryžij s temnymi polosami'; JaRS 200 *kürd'ügės* 'ryžij s tëmnymi polosami (o masti skota)'; DSJaJa 132 Abyj., Čur., Tatt. *kürd'ügės* 'temnokrasnyj, ryžij s temnymi polosami'; Jak 95 *kürd'ügäs* 'rothaarig, rotblond mit dunklen Streifen (Viehfarbe)'.

Die Rinderfarbe *kürǰügäs* gilt als abstoßend und Unheil bringend (Pek 1330 *kürdjügäs* 'polosatyj [mast' ėta sčitaetsja skvernoj, nesčastlivoj]'). Diese Abneigung ist vermutlich auf die dunklen Streifungen zurückzuführen, die im Gegensatz zu dunklen Flecken für Rinder untypisch sind und deshalb mit einem von abergläubischen Vorstellungen motivierten Argwohn betrachtet werden. Ähnlich dürfte es sich bei der Pferde- und Rinderfarbe *kürǰügäs taraax* (s. 2.4.1) verhalten.

♦ *kürǰügäs ïnax* 'rotbraune Kuh mit dunklen Streifen' (JaRS 200 *kürd'ügės ynax* 'ryžaja s tëmnymi polosami korova').

Als Benennung für das sandfarbene Streifenhörnchen ist *kürǰügäs* im eigentlichen Wortsinn zu verstehen, denn über dessen Rücken und Seiten ziehen sich fünf dunkelbraune Längsstreifen hin. Da *kürǰügäs* zudem auf Tiger angewendet wird, lässt sich der Ausdruck offenbar nicht nur auf ein Fell mit dunklen Längsstreifen, sondern auch mit dunklen Querstreifen beziehen.

♦ *kürǰügäs* 'Streifenhörnchen', wrtl.: rotbraun mit dunklen Streifen (DSJaJa 132 Bul., Ordž., Vil., V-Vil., Žig. *kürd'ügės* 'burunduk') | *kürǰügäs kïïl* 'Tiger', wrtl.: rotbraunes Tier mit dunklen Streifen (Pek 1331 *kürċügäs kȳl* 'tigr').

kürüŋ — graubraun, rotbraun, schwärzlich rotbraun, dunkelrot; < mong. *küreng* ‘rötlichbraun’ (Doerfer 1995: 222).

Belege: Pek 1335 *kürüṅ* ‘buryj, buraja mast' životnyx (po černoj šersti krasnoseraja ost'), temnokrasnyj cvet (o rogatom skote), ryžaja mast' s černym ottenkom, seryj (byk)’; JaRS 201 *kürüṅ* ‘buryj, ryžij, tëmno-krasnyj (o masti životnogo)’; Jak 95 *kürüŋ* ‘graubraun’.

Nominale Weiterbildung: **kürüŋnügü** ~ **kürüŋnüŋü** ‘gräulichbraun, rötlichbraun’ (Pek 1336 *kürüṅnügü* [ot *kürüṅ* + *nügü*] ‘podxodjaščij pod temnokrasnyj cvet’; JaRS 201 *kürüṅnüṅü* ‘burovatyj, ryževatyj [o masti životnogo]’).

Pekarskij setzt *kürüŋ* mit *küräŋ* gleich; die beiden Begriffe gehen zwar auf dasselbe mongolische Wort zurück, werden jedoch im Jakutischen unterschiedlich gebraucht, denn *küräŋ* (s. 2.2.1) wendet man auf Pferde an, *kürüŋ* hingegen auf Rinder. Wie *küräŋ* kann auch *kürüŋ* für eine graubraune Färbung stehen, gibt aber im Gegensatz zu *küräŋ* vornehmlich nach Rot tendierende Tönungen wieder; vgl. die Rinderfarben *balaarxay kürüŋ*, *boloorxoy kürüŋ*, *buor kürüŋ* (s. oben) und *kürüŋ äriän* (s. unten).

kürüŋ äriän — gestreift auf dunkelrotem Grund, graubunt.

Beleg: Pek 298 *kürüṅ äriän* ‘(o rogatoj skotine) sero-pestryj, na temno-krasnom pole pestryj, polosatyj (pestryj)’.

Vermutlich betrifft *kürüŋ äriän* ein graugestreiftes oder graugeflecktes rotbuntes Rind.

kürüŋ xara — rötlichschwarz.

Beleg: Pek 1336 *kürüṅ xara* ‘izkrasna černyj’.

Mit *kürüŋ xara* wird ein Rind mit rötlichbespitzten schwarzen Deckhaaren erfasst.

♦ *kürüŋ xara atïïr oγus* ‘rötlichschwarzer Stier’ (Pek 1336 *kürüṅ xara atȳr oġus* ‘izkrasna černyij poroz’).

salbïras saaǰaγay ~ **salbïrγas saaǰaγay** — buntgemustert, mit weißen Querstreifchen am Rumpf und einem weißen Streifen entlang des Rückgrats.

Belege: Pek 2023 *salbyrġas sāčaġai* ‘pestryj, uzorčato-pestryj (o rogatom skote)’ ~ 2045 *salbyras sāčaġai* ‘(korova) s beloj polosoj vdol' spiny i belymi kak by svešivajuščimisja poloskami po ostal'nym častjam tela’; Jak 131 *salbïrγas saad'aγay* ‘mit weißen Streifen an beiden Seiten (Vieh, Vögel).

Mit *salbïras* oder *salbïrγas* bezeichnet man Anhängsel, die bei der geringsten Bewegung leicht hin und her schaukeln (Pek 2045 *salbyras* ~ *salbyrġas* ‘legko pokačivajuščijsja pri malejšem dviženij, pobrjakuški’). Ihnen entsprechen am Rumpf von Rindern wie angehängt aussehende weiße Streifchen, die ebenfalls in Schwingung zu geraten scheinen, wenn die Rinder sich fortbewegen. Nach Jak 131 wird *salbïrγas saaǰayay* (ungenau definiert, da *saaǰayay* keinen Streifen auf den Seiten, sondern auf dem Rückgrat benennt) außerdem auf Vögel angewendet. Die Musterung ist jedoch so ungewöhnlich, dass *salbïryas saaǰayay* wahrscheinlich einen bestimmten Vogel betrifft, nämlich den Dreizehenspecht, der nicht nur einen weißen Streifen entlang des Rückgrats, sondern auch mit gleichfarbigen Streifchen besetzte Flügel hat. Ein weiterer Name, der auf den weißen Rückenstreifen des Dreizehenspechts anspielt, ist *saaǰayay kirgil kïïl* (s. 2.3.2).

ürüŋ saaǰaγay — weiß mit schwarzen Flanken und einem breiten weißen Streifen entlang des Rückgrats.

Beleg: Pek 2023 *ürüṅ sāčaġai* 'rogataja skotina beloj masti s černymi bokami i širokoj beloj polosoj vdol' xrebta'.

Unter *ürüŋ saaǰayay* versteht man schwarzbunte Rinder, bei denen der Bauch weiß und der Rücken gleichsam mit einer weißen Schabracke bedeckt ist; eine solche Scheckung weist auf Jaroslav-Vieh hin.

2.3.2 Rinderabzeichen

Wie bei Pferden gelten auch beim Hornvieh bestimmte weiße oder dunkle Haarstellen an Kopf, Rücken, Schultern und Beinen als Abzeichen, ebenso aber charakteristische Farbmerkmale am Schwanz. Daneben gibt es Abzeichen, die Pferden und Rindern gemeinsam sind (s. 2.4.2); zudem kann das für verschiedenartige Tiere gebräuchliche Abzeichen *maŋaas ~ mayaas* (s. 2.1.2) auf Rinder angewendet werden.

duoγalaax — gestreift, bunt (am Schwanz).

Beleg: DSJaJa 89 *duoġalaax* 'polosatyj, pestryj – o korov'em xvoste'.

Pekarskij verweist von *duoyalaax*, das er nur in Verbindung mit *kuturuktaax* als eine besondere Streifung an Kuhschwänzen anführt, auf den türkischen Begriff *tuyluq* 'mit einem Rossschweif'. Ein Zusammenhang könnte insofern gegeben sein, als der Holzschaft dieses Würdezeichens mit verschiedenfarbigen Rosshaarlagen umwunden war.

♦ *duoyalaax kuturuktaax* 'mit einem Schwanz, der am Anfang schwarz, in der Mitte weiß, dem Ende zu schwarz und ganz an der Spitze weiß ist' (Pek 749 *duoġalāx kuturuktāx* 's xvostom u osnovanija – černago cveta, poniže, posredine – belago, k koncu – černago i na samom končike – belago').

Ein ähnliches Abzeichen wird mit *kuturugar üs ürüŋnääx* (s. unten s.v. *ürüŋnääx*) erfasst.

ǰaγïllaax — mit einem großen Fleck auf den Schulterblättern.

Beleg: DSJaJa 94 Tatt. *d'aġyllaax* 's bol'šim pjatnom na lopatkax – o masti korovy'.

Bei Pferden bezieht sich *ǰayïllaax* auf mehrere dunkle Flecke auf den Schulterblättern (s. 2.2.2), bei Rindern auf einen einzigen großen schwarzen Fleck auf jedem Schulterblatt, und zwar bei Cholmogory-Vieh.

ǰarγaalaax — mit einem weißen Streifen entlang des Rückgrats.

Beleg: DSJaJa 95 Abyj., S-Kol. *d'arġaalaax* 's beloj polosoj vdol' xrebta, s beloj spinoj – o masti korovy'.

Synonym: *saaǰaγaγ*.

Mit *ǰarγaa* benennt man eine lange, schmale Borte aus Stoff (Pek 793 *ċarġā* 'dlinnaja i uzkaja našivka iz kakoj-libo materii'); ihr entspricht bei Rindern ein weißer Streifen, der vom Widerrist bis zum Schwanzansatz verläuft.

kačaarka — mit einer weißlichen Nase.

Beleg: DSJaJa 112 V-Kol. *kačaarka* 's belesym xrapom – o masti korovy'.

Im Kolyma-Gebiet wird mit *kačaarka* die Ringelgans (DSJaJa 111 S-Kol. *kačaarka* 'gus' kazarka') bezeichnet, die einen schwarzen Kopf und einen weißgrauen Schnabel hat. Im Hinblick auf manche Cholmogory-Rinder wird *kačaarka* als Adjektiv im Sinne von 'ringelgansartig' gebraucht, denn Cholmogory-Rinder sind schwarzköpfig wie die Ringelgans und haben in Übereinstimmung mit deren Schnabel häufig ein Flotzmaul, bei dem der feuchte Teil der Nase weißlich ist. Die Rinderfarbe *alakaas* (s. 2.3.1) und die Pferdefarbe *xaŋalas* (s. 2.2.1) scheinen ebenfalls die Musterung einer Wildgans einzubeziehen.

kalpaktaax — mit einer schwarzen Schwanzquaste.

Beleg: DSJaJa 111 Abyj. *kalpaktaax* 's černymi kol'cevymi otmetinami na xvoste – o masti korovy'.

In eigentlicher Bedeutung erfasst das russische Lehnwort *xalpaak* eine kegelförmige Mütze (Pek 3268 *xalpāk* 'kolpak'); als Metapher umschreibt die Dialektform *kalpak* eine schwarze Schwanzquaste, da *kalpaktaax* im jakutischen Text mit 'kuturugar xara xoboloox' (mit einer schwarzen Quaste am Schwanz) erklärt wird. Die Übersetzung 's černymi kol'cevymi otmetinami na xvoste' (mit schwarzen ringförmigen Flecken am Schwanz) lässt sich mit dieser Definition kaum vereinbaren; sie trifft eher auf das Abzeichen *duoγalaax* zu (s. oben).

kïalïktaax — mit Flecken an den Oberschenkeln.

Beleg: DSJaJa 134 Len. *kyalyktaax* 's pjatnami na bedrax – o masti korovy'.

Synonym: *sappïγalaax*.

Ein Beutel zur Aufbewahrung von Zunder wird *kïalïk* genannt (JaRS 203 *kyalyk* 'mešoček dlja xranenija truta'); *kïalïktaax*, wrtl.: mit Zunderbeuteln, kennzeichnet bei Cholmogory-Rindern ähnlich konturierte schwarze Flecke an den Oberschenkeln der Hinterbeine, d.h. im Hüftbereich, wo ein solcher Beutel seinen Platz hat.

kurduustaax ~ **kurdustaax** — mit einer Blässe.

Beleg: DSJaJa 127 S-Kol. *kurduustaax* ~ *kurdustaax* 'pegij – o masti korovy'.

Das Dialektwort *kurduustaax* ist eine Abwandlung von *kurduulaax* 'mit einem Gurt' (Pek 1248 *kurdūlāx* 'imejuščij pojas'). Da im jakutischen Text *kurduustaax* mit 'iŋnä xara äbätär kïhïl, ortoto ürüŋ ǰühünnääx, ala' (bis zu den Backenknochen hin schwarz oder rot, die Mitte weiß, gestreift) erläutert wird, dürfte *kurduustaax* auf eine für Cholmogory-Vieh und rotbunte Rinder typische Blässe verweisen, nämlich auf einen breiten weißen Streifen, der sich wie ein Gurt von der Stirn bis zum Maul hinzieht.

morodu bastaax — mit einem Kopf wie die Baikal-Ente.

Beleg: Pek 1592 *morodu bastāx* '(o masti skotiny) s golovoju masti utki *morodu*'.

Mit *morodu bastaax* wird eine Fleckung am Kopf von Rindern beschrieben, die an die ungewöhnliche Zeichnung am Kopf der Baikal-Ente (Pek 1592 *morodu* 'utka Anas formosa') erinnert. Die Augen des Erpels sind von einem großen gelben, durch einen schwarzen Streifen getrennten Fleck umrahmt; ihm schließt sich ein halbmondförmiger, hellumrandeter grüner Fleck an, der bis zum Hinterkopf verläuft. Das Abzeichen *morodu bastaax* scheint sich demnach auf Rinder mit einer auffälligen Fleckung an den Backen und einer Brille, d.h. einer Umrandung der Augen, zu beziehen.

örüöstääx ~ **ürüöstääx** — mit weißen Streifchen am Maul.

Belege: Pek 1968 *örüöstāx* 's beloj kajmoj na morde' ~ 3181 *ürüöstāx* 'imejuščij pomestnuju beliznu na morde'; JaRS 289 *örüöstėėx* 'skot čërnoj masti s belymi poloskami na morde'.

Das Abzeichen *örüöstääx*, wrtl.: mit Verzierung, wird offenbar auf schwarzbuntes Vieh angewendet; Cholmogory-Rinder haben einen schwarzen Kopf mit weißen Abzeichen.

♦ *örüöstääx bastaax ïnax* 'schwarze Kuh mit weißem Saum am Maul', wrtl.: Kuh mit verziertem Kopf (Pek 1968 *örüöstāx bastāx ynax* 'černaja korova s beloj kajmoj na morde').

Zudem kann *örüöstääx* eine ähnliche Musterung an einem Vogelschnabel erfassen.

♦ *örüöstääx töbölööx čïïčaax* 'Vögelchen mit einem weißen Streifchen am Schnabel', wrtl.: Vögelchen mit verziertem Kopf (Pek 1968 *örüöstāx töbölōx čȳčāx* 'kakaja-to pestrogolovaja ptička').

saaǰaγay — mit einem weißen Streifen entlang des Rückgrats, mit weißem Rückgrat.

Belege: Pek 2023 *sāčaġai* ‘s polosoj osobago cveta vdol' xrebta, s belym xrebtom’; JaRS 304 *saad'aġaj* ‘s belym čeprakom vdol' xrebta (o rogatom skote)’; Jak 127 *saad'aγay* ‘weißer Streifen am Rückgrat entlang (beim Vieh)’.

Synonym: *ǰarγaalaax*.

Ein solcher Streifen kann als schmales Band das Rückgrat markieren, aber auch so breit sein, dass er wie eine Schabracke den Rücken bedeckt. Rinderfarben, die sich mit diesem Abzeichen verbinden, sind *xara saaǰaγay*, *kugas saaǰaγay*, *salbïras saaǰaγay* ~ *salbïryas saaǰaγay*, *ürüŋ saaǰaγay* (s. 2.3.1).

♦ *saaǰaγay ïnax* ‘Kuh mit weißem Rückgrat’ (Pek 2023 *sāčaġai ynax* ‘korova s beloj spinoj’).

Außerdem wird der weiße Längsstreifen auf dem Rücken des Dreizehenspechts mit *saaǰaγay* beschrieben.

♦ *saaǰaγay kirgil kïïl* ‘Dreizehenspecht’, wrtl.: Specht mit weißem Rückgrat (Pek 1101 *sāčaġai kirgil kȳl* ‘černyj djatel s beloj polosoj vdol' xrebta, Picus tridactylus?’).

sappïyalaax — mit Flecken an den Oberschenkeln.

Beleg: Pek 2091 *sappyjalāx* ‘s mešočkami (t.e. pjatnami v vide mešočkov)’.

Synonym: *kïalïktaax*.

Das Rinderabzeichen *sappïyalaax*, wrtl.: mit Tabaksbeuteln, bezieht sich auf ähnlich geformte schwarze Flecke an den Oberschenkeln der Hinterbeine, d.h. an den Stellen, wo man einen Tabaksbeutel trägt.

♦ *buutugar sappïyalaax* ‘[Stier] mit Flecken an den Hinterbeinen’, wrtl.: mit Tabaksbeuteln an den Hinterbeinen (Pek 2091 *būtugar sappyjalāx* ‘s mešočkami na zadnix nogax [byk]’) | *sapïyalaax ïnax* ‘bunte Kuh’, wrtl.: Kuh mit Tabaksbeuteln (Pek 2093 *sapyjalāx ynax* ‘pestraja korova’).

ürüŋnääx — mit Weiß, mit einem weißen Fleck oder Streifchen, gestiefelt.

Beleg: Pek 3180 *ürüňnǟx* ‘imejuščij beloe, s belym pjatnom, belesovatyj’.

♦ *tuyaγïn saγata ürüŋnääx* ‘mit weißen Klauenrändern’ (Pek 3180 *tujaġyn saġata ürüňnǟx* ‘s belymi krajami kopyta [u skotiny]’) | *tüört ataγa ürüŋnääx* ‘an allen vier Beinen gestiefelt’, wrtl.: mit Weiß an allen vier Beinen (Pek 3180 *tüört ataġa ürüňnǟx* ‘na vse četyre nogi belonogij’) | *kuturugar üs ürüŋnääx süöhü* ‘Vieh mit drei weißen Streifchen am Schwanz’ (Pek 3180 *kuturugar üs ürüňnǟx süösü* ‘skotina s tremja belymi poloskami v xvoste’).

In der sekundären Bedeutung 'weißgetüncht' wird *ürüŋnääx* auf Fladen angewendet, die mit saurer Sahne bestrichen sind, ebenso auf Tee und Suppen, wenn man Milch oder Sahne hinzugefügt hat (Pek 3180 *ürüňnā̈x* 'zabelennyj [o čae, lepeške, supe]').

2.4 Pferde- und Rinderfarben sowie Pferde- und Rinderabzeichen

Neben den entweder für Pferde oder für Rinder gebräuchlichen Farbbezeichnungen und Abzeichen gibt es einige Begriffe, die sowohl auf Pferde als auch auf Rinder beziehbar sind, da sie übereinstimmende Merkmale betreffen.

2.4.1 Pferde- und Rinderfarben

Die auf Pferde und Rinder anwendbaren Farbtermini setzen dieselbe Tönung des Grundhaars voraus, und zwar in Verbindung mit einer charakteristischen Fleckung oder Streifung bzw. einem gleichartigen Abzeichen.

äbiriän — getüpfelt, gefleckt; < *äbir* 'bunt, gefleckt, getüpfelt'.

Belege: Pek 221 *äbiriän* [ot *äbir*] 'pokrytyj melkimi krapinami, pjatnastyj, čubaryj (o lošadja)'; JaRS 535 *ėbiriėn* 'pokrytyj melkimi krapinkami, čubaryj (o masti lošadi); Jak 209 *äbiriän* 'getüpfelt, gesprenkelt, scheckig'.

Während *äbir* (s. 1.8) für jedes Objekt benutzt werden kann, ist der Gebrauch der Weiterbildung *äbiriän* auf Pferde und Rinder beschränkt. Bei Pferden erfasst *äbiriän* Panther- oder Tigerhaar, d.h. helles Grundhaar mit dunklen Tüpfeln, und vermutlich auch ein geapfeltes Fell, denn die Pferdefarbe *soho čuoɣur* 'rötlichbraun mit Apfelbildungen auf der Kruppe' (s. 2.2.1) ist ein Pendant zur Rinderfarbe *küöx äbiriän*, die rotbuntes Vieh mit grauen Flecken auf dem Kreuz kennzeichnet (s. 2.3.1).

♦ *äbiriän ïnax* 'gefleckte Kuh' (Pek 221 *äbiriän ynax* 'pjatnastaja korova').

xara maŋaas ~ **xara maɣaas** — schwarz mit weißem Kopf, weißer Stirn oder weißem Maul.

Belege: Pek 1500 *xara maġās* 'černyj s beloj golovoj (ili lbom), černyj belomordyj, černyj belorylyj (konnyj i rogatyj skot), černopegij (žerebec)' ~ 1523 *xara maňās* 'černyj s golovoj napolovinu beloj'.

Als Pferdefarbe dürfte *xara maŋaas* ~ *xara maɣaas* einen Rappen mit weißen Abzeichen am Kopf benennen, als Rinderfarbe eine Schwarzbunte mit schwarzem Kopf und weißen Abzeichen. Bei einer schwarzbunten Kuh, deren Kopf zur Hälfte weiß ist, zieht sich von der Stirn bis zum Maul eine breite Blässe hin. Ihr entspricht das Rinderabzeichen *kurduustaax* (s. 2.3.2), das allerdings auch für rotbuntes Vieh gilt.

♦ *xara maŋaas ïnax* 'schwarze Kuh mit einem zur Hälfte weißen Kopf' (Pek 1523 *xara maňās ynax* 'černaja korova s golovoj napolovinu beloj').

Der Begriff *xara maŋaas* ~ *xara maγaas* kann zudem auf die Meerscharbe angewendet werden; sie ähnelt einem Kolkraben, hat aber im Frühjahr an Kopf und Hals einen Besatz aus weißen Federchen. Pekarskij vermutet, dass unter *xara maŋaas (maγaas) suor* die männliche Elster zu verstehen ist; Elstern sind jedoch lediglich an Bauch und Schultern weiß.

♦ *xara maŋaas (maγaas) suor* 'Meerscharbe', wrtl.: schwarzer Rabe mit weißem Kopf (Pek 2347 *xara maṅās* [*maġās*] *suor* 'samec soroki?').

xardaŋ maγaas — rötlichbraun mit weißem Maul.

Beleg: Pek 1500 *xardaṅ maġās* 'belomordyj ryžij (žerebec, byk)'.

Das Adjektiv *xardaŋ* (s. 1.4.2) vertritt hier ein gleichsam verschossenes Rotbraun.

kürǰügäs taraax — rotbraun mit Streifen.

Beleg: Pek 1331 *kürċügäs tarāx* '(o kone, byke) ryžepolosatyj'.

Mit *kürǰügäs* werden dunkle Längs- oder Querstreifen auf rotbraunem Grund angezeigt (s. 2.3.1), mit *taraax* querverlaufende helle Streifen oder Streifchen, die kammartig angeordnet sind (s. 2.1.1); *kürǰügäs taraax* könnte daher ein rotbraunes Pferd oder Rind mit dunklen und hellen Streifen betreffen – eine Musterung, die wahrscheinlich wie *kürǰügäs* wenig beliebt ist.

2.4.2 Pferde- und Rinderabzeichen

Die meisten Abzeichen, die Pferden und Rindern gemeinsam sind, beziehen sich auf die mit 'gestiefelt' oder 'bestrumpft' erfassten weißen Scheckungen an den Beinen. Diese Partien werden als 'hochgestiefelt' bezeichnet, wenn die Beine bis zur Vorderfußwurzel bzw. bis zum Sprunggelenk, aber auch darüber hinaus weiß sind, und als 'halbgestiefelt', wenn das Weiß nur bis zur halben Höhe der Röhren oder darunter reicht.

älämäs ataxtaax — mit scheckigen (d.h. gestiefelten) Beinen.

Beleg: Pek 242 *älämäs ataxtāx* 'belonogij'.

ätärbästääx — hochgestiefelt.

Beleg: DSJaJa 324 V-Kol. *ėtėrbėstėėx* 'v belyx čulkax – o masti korovy, lošadi'.

Unter *ätärbäs* versteht man hohe Lederstiefel, die bis über das Knie gehen (Pek 315 *ätärbäs* 'torbasy raznago roda, kožanaja obuv', doxodjaščaja vyše kolen').

baharγastaax ~ **bahïrγastaax** — halbgestiefelt mit weißlichen Hufen oder Klauen.

Belege: Pek 391 *basarġastāx* ~ *basyrġastāx* 'belonogij, belonožka, lošad' s belymi polosami na nogax (s srediny goleni) i belymi kopytami'; JaRS 66 *bahyrġastaax* 'belonogij, belonožka (o skote i sobakax)'.

Synonym: *čulkuulaax* ~ *čukkuulaax*.

Mit *baharγas* benennt man Sommerstiefel aus Leder (Pek 391 *basarġas* 'letnjaja kožanaja obuv' [torbasy]'). Der Begriff *baharγastaax* kann auf Hunde übertragen werden, bei denen die untere Partie der Läufe einschließlich der Pfoten weiß ist.

♦ *baharγastaax ataxtaax ïnax* 'Kuh mit halbgestiefelten Beinen' (Pek 391 *basarġastāx ataxtāx ynax* 'belonogaja korova').

čulkuulaax ~ **čukkuulaax** — halbgestiefelt mit weißlichen Hufen oder Klauen.

Beleg: Pek 3684 *čukkūlāx* ~ *čulkūlāx* 'v čulkax, to že, čto *basyrġastāx*'.

Synonym: *baharγastaax* ~ *bahïrγastaax*.

Der Ausdruck *čulkuulaax*, wrtl.: mit Strümpfen, leitet sich von r. *čulka* 'Strümpfe' her.

♦ *čulkuulaax ataxtaax ïnax* 'Kuh mit halbgestiefelten Beinen', wrtl.: Kuh mit bestrumpften Beinen (Pek 3684 *čulkūlāx ataxtāx ynax* 'belonogaja korova').

olooččulaax — halbgestiefelt.

Beleg: DSJaJa 185 Abyj., S-Kol. *olooččulaax* 'belonogij – o životnyx'.

Mit *oloočču* bezeichnet man kurze Stiefel, die insbesondere aus der Beinhaut von Pferden hergestellt worden sind (Pek 1828 *olōčču* 'nizkie, ne vyše kolen, torbasa iz nožnoj [v osobennosti lošadinoj] koži').

šuokalaax — gestiefelt.

Beleg: DSJaJa 309 S-Kol. *šuokalaax* 'v belyx čulkax – o skotine'.

Wie *čulkuulaax* dürfte auch *šuokalaax* auf r. *čulka* 'Strümpfe' zurückgehen.

tuohaxtalaax ~ **tuhaxtalaax** — mit einem weißen Fleck auf der Stirn.

Belege: Pek 2830 *tuosaxtalāx* ~ *tusaxtalāx* 's beloj lysinoj (byčok)'; JaRS 404 *tuohaxtalaax* 's pjatnom, s zvezdočkoj (na lbu – o životnom)'.

Als Pferde- oder Rinderabzeichen erfasst *tuohaxta* einen Stirnfleck, den man nach Größe und Form als Blümchen, Sternchen, Ringstern, Spitzstern oder Keilstern unterscheidet.

♦ *tuora tuohaxtalaax süöhü* 'Vieh mit einem querverlaufenden weißen Fleck auf der Stirn' (Pek 2830 *tuora tuosaxtalāx süösü* 'skotina s belym poperečnym pjatnom [polosoj, otmetinoj, lysinoj] na lbu [lošad', korova]') | *ürüŋ tuohaxtalaax oγus* 'Stier mit einem weißen Sternchen auf der Stirn' (JaRS 404 *ürüṅ tuohaxtalaax oġus* 'byk s beloj zvezdočkoj na lbu').

Der Ausdruck *tuohaxta* kann auch auf eine ähnliche Fleckung an der Stirn von anderen Tieren bezogen werden, insbesondere auf das weiße Stirnschild des Blässhuhns

(Pek 2830 *tuosaxta* 'lysina [pjatno] na lbu životnago, belyj gladkij narost na golove lysuxi [*urānai*]'); vgl. ewen. *tōhakta* 'Fleck [auf der Stirn von Tieren]' (Cincius 1977: 200 *tōhakta* 'pjatno, ometina [n lbu u životnyx]'). In sekundärer Bedeutung benennt *tuohaxta* die ziselierten großen, runden Silber- oder Metallplättchen, die an der Spitze einer Frauenmütze auf der Vorderseite festgenäht sind (Pek 2830 *tuosaxta* 'našitaja speredi na verxuške ženskoj šapki bol'šaja serebrjanaja ili voobšče metalličeskaja kruglaja čekanennaja bljaxa').

uraann'ïktaax ~ **uraan'ïktaax** — mit einem großen Fleck auf der Stirn, mit einer Blässe, mit einem weißen Fleck oder Streifchen am Maul.

Belege: Pek 3060 *urānjyktāx* 's belym rylom, s obširnym pjatnom na lbu, beloryloe (belomordoe) životnoe'; JaRS 441 *uraann'yktaax* 's belym pjatnom ili s beloj poloskoj (na morde)'.

Das Abzeichen *uraann'ïk* (Pek 3060 *urānjyk* 'belaja polosa šersti u konja ili korovy, iduščaja ot lba do mordy, beloe rylo, obširnoe pjatno na lbu') wird auf verschiedene weiße Haarstellen am Kopf angewendet; es kann einen Stirnfleck, eine von der Stirn bis zum Maul verlaufende Blässe, den Schnippe genannten Fleck an der Nasenspitze oder auf der Oberlippe, ein Streifchen am Maulrand und bei Pferden auch ein weißes Untermaul bezeichnen.

♦ *süühügär uraan'ïktaax suor xara at* 'rabenschwarzes Pferd mit einem weißen Streifchen auf der Stirn' (JaRS 441 *süühügėr uraann'yktaax suor xara at* 'voronoj kon' s beloj poloskoj na lbu') | *uraan'ïktaax sïraydaax sïlgï* 'Pferd mit einem zur Hälfte weißen Maul', wrtl.: Pferd mit einem am Maul weißen Gesicht (Pek 3060 *urānjyktāx syraidāx sylgy* 'kon', polovina mordy kotorago belaja') | *uraan'ïktaax anax* 'Kuh mit einem weißen Streifen am Maul' (Pek 3060 *urānjyktāx anax* 'korova s beloj polosoj na ryle').

Mit *uraann'ïk* hängt **uraanay** zusammen, eine Benennung für das tiefschwarze Blässhuhn, das ein weißes Stirnschild und einen weißen Schnabel hat (Pek 3059 *urānai* 'černaja lysuxa'). Als Vergleichsobjekt verweist *uraanay* vermutlich auf einen Rappen mit weißem Maul und einem großen weißen Stirnfleck.

♦ *uraanay at* 'Pferd mit weißem Maul', wrtl.: Pferd wie ein Blässhuhn (Pek 3059 *urānai at* 'belomordyj kon'').

uraan'ïktïï — einem weißen Streifen auf der Stirn ähnlich.

Beleg: Pek 3060 *urānjyktȳ* 'napodobie beloj polosy na lbu (u skotiny)'.

Mit *uraan'ïktïï* dürfte speziell eine von der Stirn bis zum Maul reichende Blässe gemeint sein.

2.5 Rentierfarben und Rentierabzeichen

Rentiere werden von nomadisierenden Züchtern in der Tundra und in der Waldtundra gehalten. Da die Farbe der Rentiere kaum variiert und sich bloß beim Haarwechsel abwandelt, gibt es relativ wenige Farbentermini; auch lässt sich nur ein einziges Rentierabzeichen belegen. Neben dem auf verschiedene Tiere anwendbaren Farbbegriff *älämäs* (s. 2.1.1) können noch die Pferdefarben *čuoγur* und *siär* (2.2.1) zur farblichen Kennzeichnung von Rentieren dienen.

2.5.1 Rentierfarben

bugdii — bunt, scheckig; < ewenk. *bugdi* 'bunt, scheckig'.

Beleg: DSJaJa 70 An., Bul., Olen. *bugdii* [evenk. *bugdi* 'pestryj, pegij, rjaboj'] 'pestryj, pegij; pestraja mast''.

Da sich der im Herbst und Frühjahr stattfindende Haarwechsel sehr lange hinzieht, ist das Fell der Tundrarentiere zu dieser Zeit scheckig oder gefleckt.

čäälkää — weiß; < ewenk. *čälkä* 'weiß (beim Rentier)'.

Beleg: DSJaJa 308 An., Bul., Olen., Sakk. *čėėlkėė* [evenk. *čelke* 'sedoj; belyj – o masti olenja'] 'belyj'.

Im Winter bekommen die Tundrarentiere ein partiell oder insgesamt weißes Fell.

xaraama — dunkel; < *xara* 'dunkel'.

Beleg: DSJaJa 280 An., Olen., Žig. *xaraama* 'temnyj – o masti olenja'.

Das Sommerfell der westlich der Lena beheimateten Tundrarentiere ist lediglich am Bauch weiß, ansonsten aber dunkelbraun.

xoŋnomuoy — schwarz; < ewenk. *koŋnomo* 'schwarz'.

Beleg: DSJaJa 290 Olen. *xoṅnomuoj* [evenk. *kongnomo* 'černyj'] 'černyj'.

In der Olenjek-Region gibt es Tundra- und Waldrentiere; offenbar grenzt man die Waldrentiere wegen ihres schwarzbraunen Sommerfells mit *xoŋnomuoy* von den zu dieser Zeit dunkelbraunen Tundrarentieren ab.

kubaγay ~ kubalaŋ ~ kukalaŋ ~ kupalaŋ — graubraun, hellbraun.

Belege: DSJaJa 119 Bul., Njurb. *kubaġaj* ~ Verx. *kubalaṅ* ~ 121 V-Kol. *kukalaṅ* ~ 126 S-Kol. *kupalaṅ* 'buryj, svetlo-buryj – o masti olenja'; Jak 87 *kubalaŋ* 'nicht ganz braun, aber hellbraun'.

Primär wird *kubaγay* in der Bedeutung 'hellblond, bleich' für menschliches Haar oder menschliche Haut gebraucht (s. 1.4.2), in verschiedenen Dialekten jedoch wie die Abwandlungen *kubalaŋ* ~ *kukalaŋ* ~ *kupalaŋ* speziell für die Übergangsfarbe der

Rentiere; eine ähnliche Tönung zeigt das Gefieder am Hinterkopf der Weidenammer.

♦ *kubaɣaɣ kätäx* ‘Weidenammer’,wrtl.: graubrauner Hinterkopf (DSJaJa 119 Gorn. *kubaġaj kėtėx* ‘dubrovnik’).

määntälääx — mit weißen Flanken.

Beleg: DSJaJa 171 Abyj. *mėėntėlėėx* ‘belobokij – ob olene’.

Bei den Tundrarentieren der Jana-Indigirka-Region haben beide Geschlechter einen weißen Bauch; im Gegensatz zu dem dunklen Rumpf der Männchen sind die Flanken der weniger kontrastreich gefärbten Weibchen aber häufig weiß im Wechsel mit Grau oder Hellgrau. Das Wort *määntä* leitet sich wie *määnti* von ewenk. bzw. ewen. *mäŋti* her.

määnti — hellgrau, gelblich; < ewenk., ewen. *mäŋti* ‘hellgrau (bei Rentieren)’.

Beleg: DSJaJa 171 Ojm. *mėėnti* [evenk., even. *mengti* ‘seryj, buryj, sivyj’] ‘svetloseryj, želtovatyj’.

Die zur Sommerzeit dunkelbraunen oder dunkelgrauen Tundrarentiere des Jana-Indigirka-Bereichs werden im Winter völlig weiß; mit *määnti* erfasst man eine Übergangsfarbe.

mäkäktä — bunt, gefleckt; < ewenk. *mäkäpču* ‘gefleckt’.

Beleg: DSJaJa 169 Olen. *mėkėktė* [evenk. *mekepču* ‘pestryj’] ‘pestryj’.

Die Tundrarentiere des Olenjek-Gebiets bekommen im Winter kein rein weißes Fell.

♦ *mäkäktä taba* ‘weißes Rentier mit dunklen Flecken’ (DSJaJa 169 Olen. *mėkėktė taba* ‘pestryj olen', olen' beloj masti s temnymi pjatnami’).

soloŋo ~ soloŋu — hellbraun.

Belege: DSJaJa 211 Bul. *soloṅo* ~ Abyj., V-Kol. *soloṅu* ‘svetlokoričnevyj – o masti olenja’.

Auch *soloŋo ~ soloŋu* kennzeichnet bei den Tundrarentieren jenseits der Lena eine Übergangsfarbe.

2.5.2 Rentierabzeichen

süǰäälä — mit einem weißen Streifen entlang des Mauls; < ewen. *huǰelä* ‘mit einem weißen Maul (bei Rentieren)’.

Beleg: DSJaJa 217 Verx. *süd'ėėlė* [even. *xudele* ‘s belym xrapom’] ‘s beloj polosoj vdol' mordy – o masti olenja’.

Tundrarentiere haben mitunter eine weiße Unterlippe.

Zusammenfassung

Wie in anderen Türksprachen gibt es ebenso im Jakutischen generell gebrauchte Farbbezeichnungen, die auf jedes beliebige Objekt anwendbar sind, und zwar *xara* 'schwarz, dunkel', *ürüŋ* 'weiß, hell', *kïhïl* 'rot' und *araγas* 'gelb'. Da bei dem allgemeinen türkischen Farbbegriff *yašïl* 'grün' der Bedeutungswandel grün > gelb > gelbrot erfolgt ist, vertritt *küöx* 'blau', das ursprünglich nur auf bestimmte Gegenstände beziehbar war, zudem den Farbwert von *yašïl* und hat anscheinend auch dessen generelle Funktion übernommen. Ergänzt werden die allgemein gebrauchten Farbbezeichnungen durch zahlreiche Benennungen, die eine besondere Farbnuance erfassen oder deren Anwendung objektgebunden ist.

In Jakutien herrschen im Winter tiefe Temperaturen bei geringer Schneedecke, während für den nur drei Monate andauernden Sommer eine intensive Lichteinstrahlung und verstärkte Niederschläge charakteristisch sind. Zudem liegt ein Teil der Landesfläche jenseits des nördlichen Polarkreises, d.h. in einer Zone mit Polartagen und Polarnächten. Den divergenten klimatischen und geographischen Gegebenheiten entsprechen zahlreiche Bezeichnungen für 'hell' und 'dunkel', nämlich für Schattierungen, die ausschließlich bei besonderen Lichtverhältnissen entstehen. Die meisten Begriffe lassen sich nicht wie *xara* und *ürüŋ* auf jedes Objekt beziehen, sondern werden vorwiegend auf Naturphänomene angewendet. Vor allem die für 'hell' gebrauchten Benennungen kommen in ungewöhnlicher Vielfalt vor und geben sehr differenziert die Art oder die Intensität von Helligkeit wieder. Es handelt sich in der Mehrzahl um deverbale Nomina wie *alamay* 'hellglänzend (bei der Sonne)' < *alay-* 'sehr hell glänzen (bei der Sonne)', *kilbärkäy* 'glänzend' < *kilbäriy-* 'durch Glätte glänzen', *kïlapatčïgas* 'schwachglänzend' < *kïlapatčïy-* 'schwach glänzen', *sïrdïk* 'leuchtend, hell' < *sïrdïy-* 'leuchten'. Eine schneebedeckte Fläche wird mit *kïlbaŋ maγan, kïlbaraŋ maŋan*, *tunalγan maγan* und *tunalï maŋan* 'glänzendweiß' beschrieben, glänzendes Eis mit *kilbärkäy muus* (wrtl.: durch Glätte glänzendes Eis). Bei eisfreien Gewässern unterscheidet man zwischen *ǰäŋkir uu* 'klares Wasser' (wrtl.: durchsichtiges Wasser) und *boloorxoy ǰühünnääx uu* 'trübes Wasser' (wrtl.: Wasser von grauer Färbung).

Farben schmücken oder schützen, insbesondere aber verbinden sich mit ihnen für den Alltag relevante Informationen. Die Tönung der Haare eines Menschen gibt Aufschluss über sein Alter und das Kolorit der Haut über seine Lebensweise. Bei Pflanzen ist an der Färbung der Früchte oder des Krauts der Reifegrad bzw. das Wachstumsstadium erkennbar. Die diversen Schattierungen von Grün, die das Gras im Verlauf des Sommers annimmt, werden farblich exakt definiert – *küöx* 'grün', *čälläy küöx* 'hellgrün', *xagdaŋ* 'vergilbt', *siäräy* 'fahl' (wrtl.: grau). Ebenso differenziert man das Heu nach Farbnuancen, denn sie sind ein Kriterium für die Qualität. Das beste Heu fällt beim ersten Schnitt an und wird mit *dabaxxaydaax küöx* 'gelbgrün' (wrtl.: schwefelgrün) gekennzeichnet, das bei späteren Schnitten eingebrachte Heu, das einen minderen Futterwert hat, mit *ǰäŋkir küöx* 'hellgrün', *ürüŋ küöx* 'blassgrün', *xagdaŋ* 'vergilbt'. Ein wesentliches Moment spielen Farben und Farbabzeichen bei der Pelztierjagd, vor allem jedoch bei der Herdenhaltung, da sie innerhalb von farblich gemischten Beständen eine genaue Bestimmung der einzelnen Tiere ermöglichen.

Auch im Hinblick auf das Naturgeschehen kommt den Farben eine wichtige Rolle zu; im Jahresverlauf ist die Sonne *tüün xaraŋa* 'dunkel wie die Nacht', *ürüŋ* bzw. *čayïlxay* 'hell' oder *alamay* 'hellglänzend', die Nacht *xaraŋa* 'dunkel', *siär baraan* 'bräunlichdunkel', *sïrdïk* 'hell' oder *ürüŋ* 'weiß'. Ein Tag kann *mayan* 'weiß', *ürüŋ* 'hell', *xallaan* 'klar', bei wechselndem Wetter *äriän* oder *äriän-buran* 'bunt' sein. Zur Beschreibung des Himmels verwendet man *munaat-manaat* 'weiß, hell', *mayan* 'weiß', *kïlba mayan* 'rein weiß', *tunalyan mayan* 'glänzendweiß', *sandayalaax mayan* 'leuchtendweiß', *arayas maŋan* 'rötlichweiß', *küöx* 'blau', *küöx čaalay* 'blaugrau', *siäräy* 'grau', *čayïlxay* 'hell', *kïrtas* 'glänzend', *sandïl* 'leuchtend' und *xallaan* 'hell, rein, klar'.

Farbe und Musterung der Wolken geben Hinweise auf die Wetterlage sowie auf die Wetteraussichten. Ihre Färbung wird mit *xara* und *xaraŋa* 'dunkel', *ürüŋ* und *maŋan* 'weiß', *kïhïl* 'rot', *soho* 'ockerrot', *küöx* 'graublau', *torduu* 'rauchgrau', *turayas* 'rehbraun' erfasst, ihre Musterung mit *ala ǰühünnääx* 'streifig', *älämäs* 'gefleckt', *äbir* 'bunt, gefleckt, getüpfelt', *äbir ǰayïl* 'bunt mit großen Flecken'. Ebenso werden Naturphänomene wie Nebelbildungen oder Schneestürme nach ihrer Beschaffenheit farblich unterschieden. Mit *xara küdän* 'dunkler Nebel' bezeichnet man den im Winter über den Tälern hängenden Frostnebel, der so dicht ist, dass er die Sonne verhüllt, mit *ürüŋ küdän* 'heller Nebel' hingegen den Bodennebel, der sich im Sommer über feuchten Flächen ausbreitet. Ein Schneesturm, der den herabfallenden Schnee verweht, wird *xaraŋa buryaa* 'dunkler [d.h. unvermischter] Schneesturm' genannt, ein Schneesturm, der mit großer Wucht den am Boden liegenden Schnee aufwirbelt und infolge der dabei entstehenden Erwärmung zusätzlich Wasser und Schlamm mit sich führt, *ala buryaa* 'scheckiger Schneesturm'.

In Entsprechung zu anderen Türksprachen finden sich im Jakutischen ungewöhnlich viele Benennungen für graue und braune Farbnuancen. Nach Laude-Cirtautas (1961: 127) besteht bei den Türkvölkern offenbar kein Bedürfnis nach einer Bezeichnung für Grau oder Braun schlechthin; vielmehr unterscheidet man noch immer nach den in der Natur gegebenen Abstufungen von Grau und Braun, für die spezielle Ausdrücke gebraucht werden. Solche Begriffe können eine Intensivierung der Grundfarbe beschreiben oder bei Grau eine ins Rötliche, Bläuliche oder Bräunliche, bei Braun eine ins Rötliche, Gelbliche oder Gräuliche gehende Schattierung betonen. Dieselben Kriterien gelten für das Jakutische; allerdings scheinen *bolomos* ~ *boloŋos* 'grau' und das Lehnwort *siäräy* 'grau' auf jeden Gegenstand anwendbar zu sein.

Die generell gebrauchten türkischen Farbbezeichnungen *qara*, *aq* und *kïzïl*, selten hingegen *yašïl* und *sarïy*, können sinnbildhaft eine abstrakte Vorstellung wie 'gut' oder 'böse' veranschaulichen und deshalb auch in übertragener Bedeutung benutzt werden. Im Jakutischen lässt sich die metaphorische Verwendung allgemeiner Farbbegriffe lediglich bei *xara*, *ürüŋ* und *küöx* belegen. Insbesondere *xara* kann in übertragenem Sinne unter verschiedenem Aspekt gebraucht werden, nämlich für 'einfach, gewöhnlich, unvermischt', für 'schlecht, böse, übel, düster' sowie für 'groß, gewaltig'; *ürüŋ* steht für 'klar, rein'. Als Metapher verweist *küöx* auf Faulheit, und zwar im Hinblick auf ein Körperorgan, das eine menschliche Eigenschaft symbolisiert – *küöx süräx* 'Faulpelz', wrtl.: dunkelblaues Herz, *küöx taalay* 'Maulfauler', wrtl.: dunkelblauer Gaumen; *küöx* hat demnach von *yašïl* zudem die sinnbildhafte Verwendung übernommen. Während die meisten Türkvölker *kïzïl* 'rot' für 'zornig' oder 'schamhaft' verwenden, da solche Gefühlsregungen mit Erröten verbunden sind, kennzeichnet *kïhïl* im Jakutischen nur ein natürliches Wangenrot; durch Zorn oder Scham entstandene Rötungen werden mit *kïtarxay* 'gerötet, rot' < *kïtar-* 'sich röten, erröten' und *tätärkäy* 'gerötet' < *tätär-* 'sich röten, erröten' ausgedrückt. Einige speziell gebrauchte Farbbenennungen können in übertragener Bedeutung ebenfalls einen abstrakten Begriff wiedergeben; z.B. benutzt man *xaraŋa* 'dunkel' für 'düster' und 'groß, gewaltig', *sïrdïk* 'hell, glänzend' für 'heiter gestimmt, glanzvoll', *äriän* 'bunt' für 'unbeständig, veränderlich'.

Zum jakutischen Wortschatz gehören viele russische, tungusische oder mongolische Lehnwörter; bei Farbbezeichnungen sind jedoch – abgesehen von Tierfarben – Entlehnungen relativ selten.

Aus dem Russischen wurden die allgemein benutzten Farbbenennungen *čuornay* 'schwarz' (< r. *černyj*), *suoltay* 'gelb' (< r. *želtyj*) und *siäräy* 'grau' (< r. *seryj*) übernommen sowie die speziell für Gewebe verwendeten Farbnamen *aalay* 'hochrot, hellrot' (< r. *alyj*) und *borduobay* 'dunkelrot, bordeauxrot' (< r. *bordovyj*). Die Tendenz, für die Farbe einer Handelsware ein Lehnwort zu gebrauchen, das den Farbwert eindeutig festhält, ist auch bei Pelzen zu beobachten, denn die besondere Fellfärbung des Brandfuchses wird mit *buuraŋxay* oder *buuray* 'graubraun' (< r. *buren'kij* bzw. *buryj*) erfasst und die für das Winterfell der Eichhörnchen charakteristische blaugraue Tönung mit *čaalay* 'grau mit einer anderen Farbe vermischt' (< r. *čalyj*).

Der Rentierzucht kommt bei den Jakuten nicht derselbe hohe Stellenwert zu wie bei den benachbarten Tungusen. Dies äußert sich darin, dass die meisten Rentierfarben auf tungusische Termini zurückgehen. Aus dem Mongolischen sind diverse Pferdefarbentermini ins Jakutische entlehnt oder rückentlehnt worden. Der relativ geringe Anteil von mongolischen Entlehnungen macht deutlich, dass sich die zeitweilige Dominanz der Mongolen über die Türken bei den Jakuten nur wenig ausgewirkt hat.

Abschließend bleibt noch festzuhalten, dass im Jakutischen – abweichend von anderen Türksprachen – der allgemeine Farbbegriff *ürüŋ* 'weiß' nicht durch das ursprünglich nur als Tierfarbe benutzte *aq* 'weiß' ersetzt worden ist.

Literatur

Beth, K. 1927. *Religion und Magie*. Leipzig.

Cincius, V. I. (Sost.) 1975–1977. *Sravnitel'nyj slovar' tunguso-man'čžurskix jazykov*. T. 1. 2. Leningrad.

Clauson, Sir G. 1972. *An etymological dictionary of pre-thirteenth-century Turkish*. Oxford.

DLT = Kâşgarlı Mahmud 1990. *Dîvânü lûgati't-Türk*. Tıpkıbasım. Ankara.

Doerfer, G. 1995. Türkische Farbbezeichnungen und Pferdezucht. *Central Asiatic Journal* 39: 208–227.

DSJaJa = Afanas'ev, P. S. & al. (Sost.) 1976. *Dialektologičeskij slovar' jakutskogo jazyka*. Moskva.

Glyn, R. 1971. *Das große Buch der Pferderassen*. Rüschlikon [usw.].

Gottschalk, A., Alps, H. & Rosenberger. E. 1983. *Rinderzucht und Rinderhaltung*. München [usw.].

Hauenschild, I. 2000. Pferdefarben und Pferdeabzeichen im *Dīvān luγāt at-turk*. *Acta Orientalia Academiae Scientiarum Hungaricae* 53: 203–218.

Jacobi, A. 1931. *Das Rentier*. (Zoologischer Anzeiger 96. Erg.Bd.) Leipzig.

JaDW = Böhtlingk, O. 1851. Jakutisch-deutsches Wörterbuch. In: O. Böhtlingk, *Über die Sprache der Jakuten*. St. Petersburg.

Jak = Monastyrjew, Wl. 2006. *Jakutisch. Kleines erklärendes Wörterbuch des Jakutischen (Sacha-Deutsch)*. (Turcologica. 68.) Wiesbaden.

JaRS = Slepcov, P. A. (Red.) 1972. *Jakutsko-russkij slovar'*. Moskva.

Kałużyński, S. 1961. *Mongolische Elemente in der jakutischen Sprache*. (Prace orientalistyczne. 10.) Warszawa.

—. 1978a. Ėtimologičeskie issledovanija po jakutskomu jazyke. Dvusložnye osnovy. [1.] *Rocznik Orjentalistyczny* 39/2: 5–14.

—. 1978b. Ėtimologičeskie issledovanija po jakutskomu jazyke. Dvusložnye osnovy. [2.] *Rocznik Orjentalistyczny* 40/1: 71–82.

—. 1979. Ėtimologičeskie issledovanija po jakutskomu jazyke. Dvusložnye osnovy. [3.] *Rocznik Orjentalistyczny* 40/2: 39–49.

—. 1985a. Ėtimologičeskie issledovanija po jakutskomu jazyke. Dvusložnye osnovy. [6.] *Rocznik Orjentalistyczny* 44/1: 41–58.

—. 1985b. Ėtimologičeskie issledovanija po jakutskomu jazyke. Dvusložnye osnovy. [7.] *Rocznik Orjentalistyczny* 44/2: 43–57.

Karavaev, M. N. 1958. *Konspekt flory Jakutii*. Moskva-Leningrad.

Kellner, Ph. 1968. *Die Rinderzucht in der Sowjetunion*. (Giessener Abhandlungen zur Agrar- und Wirtschaftsforschung des europäischen Ostens. 43.) Wiesbaden.

Kőhalmi = U[ray]-Kőhalmi, K. 1966. Die Farbbezeichnungen der Pferde in den mandschu-tungusischen Sprachen. *Acta Orientalia Academiae Scientiarum Hungaricae* 19: 45–55.

Laude-Cirtautas, I. 1961. *Der Gebrauch der Farbbezeichnungen in den Türkdialekten*. (Ural-Altaische Bibliothek. 10.) Wiesbaden.

Lessing, F. D. 1960. *Mongolian-English dictionary*. Berkeley-Los Angeles.

Mlekopitajuščie Jakutii. Moskva 1971.

Pallas, P. S. 1811. *Zoographia Rosso-Asiatica*. T. 1. Petropoli.
Pek = Pekarskij, Ė. K. 1907–1930. *Slovar' jakutskogo jazyka*. T. 1–3. Moskva.
Popov, M. V. 1977. *Opredelitel' mlekopitajuščix Jakutii*. Novosibirsk.
Pticy SSSR. Moskva 1968.
RJaS = Afanas'ev, P. S. & Xaritonov, L. N. (Red.) 1968. *Russko-jakutskij slovar'*. Moskva.
Ryby SSSR. Moskva 1969.
Schönig, C. 2000. *Mongolische Lehnwörter im Westoghusischen*. (Turcologica. 47.) Wiesbaden.
Tolmačev, A. I. (Otv. red.) 1974. *Opredelitel' vysšix rastenij Jakutii*. Novosibirsk.
Vasmer, M. 1953–1958. *Russisches etymologisches Wörterbuch*. 1–3. Heidelberg.
Zorn, W. & Freidt, G. 1944. *Pferdezucht*. Stuttgart.

Index